瑞士捲
馬卡龍
輪蛋糕

人氣甜點主廚的
私房技法與熱銷絕招

瑞昇文化

contents

瑞士捲
馬卡龍
年輪蛋糕

人氣甜點主廚的私房技法與熱銷絕招

瑞士捲 4

ROLL CAKE

閱讀本書前請先了解

● 各蛋糕的內容、價格、材料和作法，會視情況而更新。
● 各店的地址、電話號碼、營業時間和例休日，會視情況而更新。
● 材料、分量和作法的表示法，都依照各家店所提供的方式來表示。
● 因使用的攪拌器和烤箱不同，烹調時間也會不同，需視情況加以調整。
● 視材料狀況和氣溫、濕度等條件的不同，材料和作法也有變化。

馬卡龍 34

年輪蛋糕 66

瑞士捲
ROLL CAKE

超人氣的祕密

瑞士捲的人氣始終不墜。有些店越賣越暢銷，製作的條數有增無減，到最後，甚至停止其他甜點的製作，而專賣瑞士捲。

瑞士捲之所以超人氣，主要原因是鬆軟的海綿蛋糕（主要是以全蛋法製作的海綿蛋糕）捲包鮮奶油館，這種組合是日本人最愛的蛋糕形式。另一項主要原因是，一條「完整」販售，幾乎所有的瑞士捲都很經濟實惠。這次本書中介紹的一些風味單純的瑞士捲，售價大多只有1000日圓左右，讓人感到十分物超所值。

「可分切共享」是蛋糕獨有的品嚐樂趣。一整條蛋糕不但方便攜帶，外觀也很美觀大方，許多人會購買來作為禮物。因此，據說完整販售一整條瑞士捲的店家，比分切販售的店家還要多。

蛋糕和奶油館

「瑞士捲主要是讓人品嚐蛋糕的風味」所有人氣主廚都異口同聲這麼表示。許多日本人都不愛口感緊實厚重，或者太乾澀的蛋糕，所以大多數店家會製作口感「輕軟」、「濕潤」的蛋糕，以迎合日本人的口味。

另外，從書中我們可以看到，有的店家會像製成戚風蛋糕麵糊一般，在裡面加入油脂，以產生蓬鬆柔軟的口感，有的則像製作泡芙皮般將奶油和麵粉炒過，做出具黏Q口感的舒芙蕾麵糊等，每個店家對於蛋糕麵糊的製作都十分講究、費工。

關於奶油館部分，幾乎所有店家都以香堤鮮奶油作為基本館料。也有很多店家是組合卡士達醬和迪普洛曼鮮奶油。

另外，以分蛋法製作蛋糕麵糊時，許多店家會組合水果。口感輕柔較乾燥的蛋糕麵糊，在吸收水果和奶油館的水分後，濕潤度會變得恰到好處，而且也比較不易碎裂、破損，所以以分蛋法製作的蛋糕，很適合搭配水果。

蛋糕和奶油餡的
單純風味

瑞士捲都是以蛋糕和奶油餡製作，風味很單純。奶油餡有時只有香堤鮮奶油，有的會混合迪普洛曼鮮奶油，口味眾多。此外，蛋糕有烤色的面朝外或是朝內捲，外觀給人的感覺也不同。

整條販售為主流

　　目前，日本販售的瑞士捲（蛋糕和奶油餡組合的單純風味），如前所述一般定價都是一條1000日圓左右。多數店家都只賣整條，有的分切販售的店家也曾表示「與切片相比，顧客比較喜歡買整條的」。不過，店家表示使用了大量水果，價格稍貴的瑞士捲，切片後販售價格較實惠，因此比較受顧客歡迎。

　　此外，許多店家為了讓顧客清楚認識自家的招牌商品，都在商品名稱前面加上店名或主廚的名字。也有很多店家會將招牌商品，陳列在甜點櫃上層最醒目的地方。

　　有些店家會為甜點設計別緻獨特的包裝，當然，也有些店家為了儘量降低定價，不太講究包裝。

加入水果等
各種材料

多數瑞士捲會在奶油餡中加入水果，以增加酸味和口感上的特色。圖中瑞士捲的奶油餡中不只加了西洋梨，蛋糕中還加入焦糖，風味十分獨特。

呈現分蛋法
蛋糕麵糊的美味

口感太乾澀的蛋糕麵糊，組合了奶油餡和水果，能使它的濕潤度變得恰到好處，而且外形也較不易乾裂、破損。擠出麵糊烘烤後，呈現的花樣也比較有特色。

使用米磨的粉，
呈現口感新魅力

甜點專用的微粒再來米粉，是近年來備受矚目的食材。市面上有許多人氣瑞士捲，也使用這種米製粉。再來米粉能使蛋糕呈現獨特的彈牙感。

以柔軟綿密的蛋糕捲包風味濃郁的2種鮮奶油

瑞士捲
整條　1200日圓　　一片　280日圓

● 作法在第82頁

D'eux Pâtisserie-Café

ドゥー・パティスリー・カフェ

菅又亮輔 糕點主廚

「我希望讓顧客先嚐到瑞士捲的蛋糕風味。為此，蛋糕一定要非常輕軟、濕潤」在菅又亮輔主廚的心目中，瑞士捲相當於用戚風蛋糕捲包著奶油餡。為達到這樣的口感，他以分蛋法製作麵糊，讓蛋黃變得輕軟，再加入沙拉油，這樣蛋糕質地細綿、入口即化，有適當的濕潤度，形成十分獨特的口感。主廚為了讓顧客滿足的品嚐，特意將蛋糕烤成3cm厚。

菅又主廚認為奶油餡最好要減量，才能和厚蛋糕取得平衡，因此他搭配少量，但風味令人印象深刻的奶油餡。塗抹在蛋糕上的香堤鮮奶油，加入43%乳脂肪成分的鮮奶油，味道圓潤、香濃。加入黃砂糖粉，能夠降低乳製品特有的奶腥味，使味道變得更香濃，而濃厚的香堤鮮奶油，讓蛋糕更容易輕鬆入口。在蛋糕中心則擠入卡士達醬和香堤鮮奶油混合成的迪普洛曼鮮奶油，以增添不同的風味。主廚在卡士達醬的鮮奶中，加入馬達加斯加產的香草莢，煮沸後，用耐熱保鮮膜密封鍋子，讓香味徹底釋入鮮奶中，所以，卡士達醬的特色是能散發芳醇的香草香。

「D'eux Pâtisserie-Café」位於東京都立大學車站附近，沿著目黑街，周邊有好幾家人氣甜點店，因為也很靠近自由之丘，所以當地可說是競爭激烈的甜點店一級戰區。碰到假日，這裡會湧入許多年輕女性和甜點迷，不過因為當地接近住宅區，所以平時光顧的多為年長的客人。瑞士捲的銷售情況，與顧客的年齡和性別並無直接關係，有些特別的日子，甚至中午過後沒多久，瑞士捲就已鎖售一空。

菅又主廚從巴黎開始，陸續在法國各地學習甜點製作，他不但學得最新的法國甜點，也學會了不同地區的傳統甜點。像是庫克洛夫蛋糕和充滿香料香味的香料麵包（Pain d' Epices）等法國各地的傳統甜點，以及組合複雜材料的現代時尚甜點等，菅又主廚擅長活用經驗，製作出個性化的甜點，他認為「憑著蛋糕和奶油餡這兩項基本材料，與其他甜點決勝負的瑞士捲，是最適合用來了解各家店風味的甜點」。該店口感溫和的蛋糕，組合上芳香濃郁的奶油餡，容易讓人一吃上癮，即使是挑剔的顧客，也能博得他們的好評。

用篩網過濾蛋汁
使麵糊更細滑

在蛋黃中加入白砂糖，以小火加熱徹底煮融，為了讓蛋汁更細滑，用篩網過濾蛋汁。

讓蛋黃中
充分飽含空氣

在攪拌盆中放入蛋黃，用電動打蛋器轉中高速攪打發泡，直到泛白變黏稠為止。

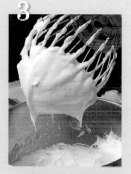

蛋白攪打發泡成
尖端能豎起的蛋白霜

蛋白若攪打到滴落後會殘留痕跡時，一面分4次加入砂糖，一面充分攪打到完全發泡。

在蛋黃中加入蛋白霜
大幅度的混合

將1/3量的蛋白霜加入蛋黃中混合，如果蛋黃稀軟很容易混合的話，就再加入剩餘的蛋白霜，如同從盆底往上舀取一般來混拌，以免弄破氣泡。

加入篩過的低筋麵粉
大幅度的混拌

在盆裡加入篩過的低筋麵粉，從盆底往上翻拌，以避免麵粉積存在盆底。

因麵糊很細緻
要慢慢、輕柔的刮平

用刮板刮平，可以聽到氣泡不斷破滅的聲音，所以要用刮刀輕輕的刮平。

不論整條或是切片販售，該店都會使用現成的白紙盒盛裝。可是如果顧客要用來送禮的話，店家會用設計獨特，代表該店色彩的桃紅色漸層包裝紙，捲包在白紙盒外面。

新鮮瑞士捲
980日圓

● 作法在第83頁

8

Pâtisserie Caterina

パティスリー カテリーナ

播田修　糕點主廚

「Caterina」位於東京濱田山住宅街要衝的站前商店街，深獲當地家庭的喜愛與支持。該店的瑞士捲常被人買回家中食用或作為贈禮，與人氣商品葉子派（leaf pie）和泡芙，並列為該店的三大暢銷商品。播田修主廚認為「瑞士捲是單純讓人品味蛋糕和奶油餡的甜點」，所以他製作的重點，放在充分發揮食材的香味。食材本身具有的芳香，以及剛做好的蛋糕香味，會隨著時間一起流逝，所以烤好的蛋糕，讓它稍微冷卻後，主廚就會立刻放入冷凍來鎖住香味，塗上奶油餡捲好的蛋糕，會立刻用OPP玻璃紙包好，排列在甜點櫃裡。主廚為了讓蛋糕蓬鬆細綿，特意減少粉類材料的用量，可是一般的粉粒大小，很難讓蛋糕完美膨脹，也無法有恰當的濕潤度。因此，播田主廚採用粒子非常細緻，帶有黏韌度的長崎蛋糕（castella）專用粉「寶笠gold」，配方中即使粉類的用量很少，也能製作出質地鬆軟、濕潤的理想蛋糕。

主廚使用「和漢草物語」這個品牌的蛋，它是由飼育各種中日香草的雞隻所產下，不但健康、美味又芳香，而且蛋黃的顏色較深。為了呈現漂亮的色澤和適度的甜味，主廚將1/3量的砂糖換成海藻糖。濕潤、鬆軟的蛋糕，柔軟到用手指輕觸就能留下痕跡的程度，這也是它一大魅力賣點。

抹在蛋糕上的香堤鮮奶油，當其中的鮮奶油打發時，需盡量讓它飽含空氣。但是若打發過度則會變得像奶油一樣黏稠厚重，所以打到六～七分發泡就行了，這樣奶油餡才能和蛋糕維持平衡，讓人入口即化。因此，該店的瑞士捲不論蛋糕、奶油餡的口感都十分柔和，食後甜味清爽不膩口，博得適合各年齡層顧客食用的佳評。

「剛做好的甜點最美味，在廚房吃到的甜點風味十分獨特，我希望能提供顧客在廚房吃到的甜點美味」播田主廚如此表示，所以他對於是否新鮮這件事非常堅持。鮮奶油剛攪打好時，不論味道和香味都極佳，捲好後經過一段時間的置放，因為蛋糕吸收了水分，鮮奶油開始變得像奶油一樣，所以主廚每天早上只做36條，陳列在甜點櫃中，然後視銷售情形，再追加製作。

在打發的蛋中
加入粉類迅速混合

將全蛋和砂糖類發泡變得黏稠為止，再加入篩過的麵粉。因為麵粉粒子非常細，所以一人一面加粉，另一人要一面專心攪拌。

加完麵粉後
手依然不停的繼續混拌

為避免麵粉結成粉粒，要一面單手旋轉鋼盆，一面用手以快速度不停的攪拌，就如同用抹刀切割麵糊一樣來混合。

鮮奶油打到6～7分發泡
口感十分輕軟

在蛋糕上，塗抹上與乳脂肪成分35%、攪打到六～七分發泡的對味鮮奶油，以最少的次數迅速抹平。其中使用白砂糖，甜味十分清爽。

一面均衡施力
一面捲起整個蛋糕

瑞士捲製作要點中，捲出美麗蛋糕的作業，與製作蛋糕同等重要。在從蛋糕撕下的烤焙紙下，放一根擀麵棍，這樣就能均衡、輕鬆的施力，捲出美觀的蛋糕。

甜點櫃的最上層滿滿排列著新鮮瑞士捲，煞是壯觀。它很自然地吸引顧客的目光，刺激人的購買欲。由於銷售迅速，一半快要賣完時，店家就會補上新品，讓蛋糕經常保持剛做好的新鮮狀態。

捲好奶油餡後，瑞士捲放入冰箱冷藏約10分鐘後，依尺寸切好，先用OPP玻璃紙包好，再包一層玻璃紙，單側以緞帶綁緊，表面貼上大的商標貼紙。顧客若提出要求，會再裝入甜點用的白紙盒裡。

將裝飾蛋糕轉化為瑞士捲

水果瑞士捲（整條）
2700日圓

● 作法在第84頁

PATISSERIE COLLIOURE

パティスリー コリウール

森下令治　店主兼糕點主廚

森下令治的甜點店，用蛋糕和奶油餡製作的簡單瑞士捲「多摩川瑞士捲」，1400日圓的經濟價格，吸引了許多人前來購買作為贈禮，週末平均一天可熱銷25～30條。

這讓森下令治主廚開始思索，人氣不墜的多摩川瑞士捲似乎可以多點變化，「我希望能讓顧客吃到許多水果，也希望他們能盡情享受完美結合的水果和鮮奶油」，於是，他興起將水果、鮮奶油和蛋糕組成的裝飾蛋糕，轉化為瑞士捲形式的念頭，「水果瑞士捲」也由此應運而生。

位於住宅區的該店，許多老主顧都會帶著孩子前來購買，主廚為了讓孩子也能吃水果瑞士捲，不論蛋糕或鮮奶油中，都一概不用酒品。

在視覺上，水果能直接傳遞美味的訊息，因此主廚大量使用色彩繽紛的當季水果。此外，瑞士捲上還裝飾著醒目的華麗水果，這博得大眾的好評：「華麗的水果使人心情愉悅」、「裝飾蛋糕總是一成不變、缺乏新意，水果瑞士捲倒是令人耳目一新，

很適合用於節慶或紀念日。」許多人都把它當作生日蛋糕。

主廚特別講究水果的味道和品質，「日本人還是只喜愛日本產草莓的風味」，即使在缺貨、價格昂貴的季節，主廚依然堅持使用國產草莓，此外，主廚還選用優於其他國家，口感柔軟的法國產杏桃。在買到特別優良的水果時，主廚會製作以此水果為號召的季節限定商品。主廚將從廣島縣中送來的藍莓，搭配巧克力鮮奶油製成的「瀨戶內藍莓瑞士捲」，就是其中的一例。

至於蛋糕部分，主廚在口感輕軟、容易捲成條狀的分蛋海綿蛋糕麵糊中加入玉米粉，使蛋糕完成後，口感更加蓬鬆輕柔。分蛋海綿蛋糕麵糊烘烤後原本口感比較乾澀，在吸收水果和鮮奶油的水分後，反而能呈現恰到好處的濕潤感，而且也不易扁塌。主廚還使用乳脂肪成分42%、味道濃郁的鮮奶油來製作香堤鮮奶油，與水果的酸味達成完美的平衡。輕軟好吃的蛋糕、水果的酸味和口感，以及圓潤的鮮奶油融為一體的美味，深獲大眾一致好評。

瑞士捲商品簡介

多摩川瑞士捲（整條）　1400日圓
**　　　　　　　（一片）　　280日圓**

蛋糕配方中使用大量蛋黃，再加上蜂蜜和上白糖，呈現近似長崎蛋糕的鬆軟口感，裡面捲入混合3種鮮奶油的香堤鮮奶油餡，展現簡單又個性十足的風味。

瀨戶內藍莓瑞士捲　390日圓

在主廚的故鄉廣島縣大崎上島送來的新鮮水嫩藍莓，與超級對味的巧克力鮮奶油組合，再以比水果瑞士捲更薄的分蛋海綿蛋糕捲包，是該店季節限量品。

水果瑞士捲（切片）　390日圓

切成1人份的水果瑞士捲，除了表面沒有裝飾用水果外，其他全部和整條蛋糕一樣，博得能輕鬆購買的美名，多數顧客會同時購買其他蛋糕。

在蛋糕上平均放上水果再捲包

切成大小一致的水果，配置時要留意看起來是否美觀，最前面的1排作為軸心，為避免蛋糕鬆散開來，一面緊壓蛋糕，一面往前轉動捲包起來。

在表面均勻塗上香堤鮮奶油

除了蛋糕的底面以外，在拱形部分薄薄的均勻塗上九分發泡的香堤鮮奶油，以避免蛋糕變乾，也能使裝飾水果放得更穩。

採用輕柔、濕潤、入口即化的戚風蛋糕麵糊

蓬軟瑞士捲

880日圓

● 作法在第85頁

杉山 茂　店主兼主廚

1993年7月開幕的「PÈRE NOËL」甜點店，顧客群鎖定以家庭為主，提供適合各年齡層食用的甜點。

「鬆軟瑞士捲」是該店的人氣商品之一。顧名思義，它是用蓬鬆細綿的蛋糕，捲包甜度適中的香堤鮮奶油，中央還包藏切片草莓，以增添重點色彩。為了讓全家大小都能食用，鬆軟瑞士捲沒有強烈的風味，只有簡單樸實的風味。

雖然「鬆軟瑞士捲」已經長銷十多年，但在這段期間裡，不論是配方或作法都有變化。

主廚表示「以前我是用海綿蛋糕的麵糊來製作，這樣的瑞士捲吃起來的口感比較紮實。可是，隨著時代的轉變，大眾逐漸偏愛口感輕軟的蛋糕。於是後來我決定改變作法。」杉山茂主廚如此說道。

他採用的麵糊新作法，其實是戚風蛋糕的作法。他將充分打發的極細緻蛋白霜，加上混合沙拉油和鮮奶的蛋黃，再與低筋麵粉混合後烘烤。戚風蛋糕麵糊的配方，不但鬆柔細綿，水分含量也很多，所以能讓人充分享受入口即化的綿潤口感。就這樣主廚在作法上做了一番改變，製作出能符合時代潮流的蛋糕。

捲包在蛋糕中的香堤鮮奶油，採用含42％和38％乳脂肪的2種鮮奶油，以等比例混合，製成味道香濃、容易打發又好食用的奶油餡，與輕軟的戚風蛋糕形成完美的平衡。

說起來，這項商品其實是將戚風蛋糕改良成瑞士捲的形式。除了捲包草莓的「鬆軟瑞士捲」這個招牌商品外，在秋、冬季時，還推出同樣以戚風蛋糕製作的季節限定「栗子鬆軟瑞士捲」。兩樣商品平時都沒有切片零賣，而是以一條880日圓的超值價格販售。主廚說「雖然多做一點可以賣得更多，可是我希望也能讓顧客吃到其他的蛋糕」，所以店內還是會在一些日子裡，販售切片的瑞士捲，上午和下午各推出20條，一天共計限量40條。

瑞士捲商品簡介

栗子鬆軟瑞士捲　880日圓

這是該店秋冬時的季節限定商品。它和「鬆軟瑞士捲」一樣，使用戚風蛋糕的麵糊，中心還捲包附澀皮的甘露煮栗。

草莓白瑞士捲　300日圓

這是只用蛋白製作的白蛋糕瑞士捲。裡面捲包以該店自製的草莓果醬和無糖鮮奶油混合成的粉紅色奶油餡，上面裝飾有草莓和開心果。

「鬆軟瑞士捲」專用的包裝盒，是以堅固的瓦楞紙製作。「我刻意讓瑞士捲不要顯得太高級，因此用瓦楞紙來製作紙盒」杉山主廚如此表示。包裝盒上吸引小孩和女性目光的可愛商標，也深獲好評。

甜點櫃上層陳列有2種「鬆軟瑞士捲」。附圖片的價格立牌，使商品的吸睛度大增。為避免蛋糕變乾，蛋糕會先包上保鮮塑膠膜再放入櫃中陳列。

ROLL CAKE

加入黑糖的米製蛋糕，口感更濕潤細綿。

黑糖米製瑞士捲
1540日圓

● 作法在第86頁

Pâtisserie Chocolaterie Ma Prière

パティスリーショコラトリー　マ・プリエール

猿館英明　店主兼主廚

2006年8月開幕的「Ma Prière」甜點店，一開始並沒有販售瑞士捲，但為了滿足許多老主顧的要求，自開幕第2年的2008年4月起，開始販售瑞士捲，推出了「純生瑞士捲」等3種招牌商品，贏得物美價廉的好評。接著，為了使瑞士捲的種類更豐富多變，主廚使用近年來蔚為話題的「再來米粉」，推出新研發的「黑糖米製瑞士捲」。「近年來，有許多客人會對小麥過敏，他們不能完全避免這種過敏現象，所以也無法吃麵粉製的瑞士捲，長久以來我一直在思索，希望研發出這些顧客也能食用的商品」猿館英明主廚如此表示。

猿館主廚說，研發用再來米粉製作瑞士捲時，首先考量到「這種瑞士捲要能讓人暢快食用」。該店雖然也有切片販售，可是仍有許多客人會整條購買，當作伴手禮。為此，主廚研發當初就是以能讓人隨意切大塊、大量享用為目標。用再來米粉取代小麥，形成「入口即化的細綿度」，這使得蛋糕吃起來更輕柔，而其中的奶油餡，以含47%和35%乳脂肪的2種鮮奶油，採等比例混合，兼具濃郁和清爽，這樣的組合讓瑞士捲呈現出老少咸宜的風味和口感。

另外，米製瑞士捲中使用黑糖也是一大重點。「使用再來米粉，容易使蛋糕變得較為乾澀，黑糖能彌補蛋糕的乾澀感，使蛋糕變得濕潤」猿館主廚說道。該店推出好幾種蛋糕，都有用黑糖這個食材，黑糖特有的香甜味，也很受年輕人的歡迎，主廚在瑞士捲的蛋糕和奶油餡中都使用黑糖。

可是，黑糖與再來米粉混合的缺點，就是一旦加入太多的話，蛋糕烘烤後會影響膨脹度，為了避免蛋糕烘烤後蓬鬆度變差，主廚表示要很小心配方的調製。再來米粉原本就不含麩質（Gluten），膨脹力較差，藉助泡打粉來加以強化，才能烘烤出蓬鬆輕軟的蛋糕。

其他使用黑糖的蛋糕，也和黑糖米製瑞士捲一樣，從年輕到年長的顧客，深受廣大顧客群的喜愛。

瑞士捲商品簡介

純生瑞士捲　1450日圓
（一片　300日圓）

它是以原味的蛋糕，捲包優質鮮奶油，屬於風味質樸的瑞士捲。蛋糕上以毛刷刷上少量檸檬糖漿，散發清爽的檸檬芳香，讓人更容易食用。

巧克力瑞士捲　1540日圓
（一片　320日圓）

這是明訂「巧克力日」的該店，深以為傲的巧克力瑞士捲。蛋糕中沒加奶油，口感鬆軟輕柔。為避免味道太濃郁，搭配的是不加巧克力的奶油餡。

水果瑞士捲　1690日圓
（一片　350日圓）

它是在「純生瑞士捲」中加入草莓、橘子和奇異果。餡料中因使用大量草莓，蛋糕完成後色彩繽紛美麗。由於外觀華麗，顧客特別喜愛購買來作為贈禮。

新商品的「黑糖再來米粉瑞士捲」雖然只整條販售，但最近預定和3種招牌瑞士捲一樣，開始單片販售。其中「水果瑞士捲」的剖面看起來最鮮麗漂亮，所以最為暢銷。

讓人充分享受和三盆糖的柔和、濃郁甜味

和三盆瑞士捲

950日圓

●作法在第87頁

甜點之家　Saint-amour

清水克人　店主兼主廚

　　「甜點之家　Saint-amour」每逢假日平均一天會擁入六百多名顧客，是一家深受歡迎的人氣名店。占地360坪的店面中，兼設甜點製作區、賣場和簡餐區，讓人對「甜點之家」的寬敞空間留下深刻的印象。

　　該店地處郊區，主客源為家庭，因此他們以提供容易食用、風味樸素、甜度適中的甜點為主。如此定位的該店，瑞士捲也是其人氣商品之一。1999年開幕之初，推出的「守谷HUREAI生瑞士捲」，至今仍然是該店暢銷不墜的人氣商品。它有原味和巧克力兩種口味，據說兩者相加經常一天可賣到近百條之多。

　　該店瑞士捲的需求量如此之大，為了推出更多的口味，後來又開發出新產品，那就是「和三盆瑞士捲」。這種瑞士捲中，使用過去常用於日式和菓子中的高級材料「和三盆」（譯註：日本四國地區傳統的手工砂糖），但近年來，它也常被運用在西式甜點中。「和三盆的甜味柔和、高雅又濃郁。我想讓大家都能嚐到它的誘人美味，因此用它來製作瑞士捲」老板兼主廚清水克人先生如此表示。

　　瑞士捲的口感鬆綿、輕柔，其風味任何人都能接受。「守谷HUREAI生瑞士捲」的蛋糕口感豐潤，老主顧早已熟悉它的風味，所以主廚在「和三盆瑞士捲」的作法上，做了些微的改變，讓顧客能夠享受到不同味道。他大量使用茨城「水海道」產的受精蛋，藉著蛋的膨脹力使蛋糕更加柔軟，並使用麩質較少的麵粉，讓蛋糕呈現極細緻綿密的口感，入口即化。在蛋糕中他還使用和三盆糖及和三盆糖蜜，除了增添獨特的風味外，蛋糕的色澤也更漂亮。

　　為配合口感輕軟的蛋糕，主廚大膽使用乳脂肪成分含量不高的鮮奶油，來製作裡面捲包的奶油餡。並利用和三盆糖增加奶油餡的甜味，讓顧客充分體嚐和三盆糖的高雅甜味。

　　目前，該店限量提供「和三盆瑞士捲」（約12條），經常在中午之前就銷售一空。除了瑞士捲之外，該店的年輪蛋糕和長崎蛋糕等甜點，也使用和三盆糖，讓顧客透過各式甜點，充分享受它的獨特甜味。

瑞士捲商品簡介

守谷HUREAI生瑞士捲（原味）
950日圓

這是所有瑞士捲中人氣最旺的商品。它與「和三盆瑞士捲」不同，是以口感濕潤的蛋糕，捲包清爽的鮮奶油。最近，因奶油餡增量，變得更加受歡迎。

守谷HUREAI生瑞士捲（巧克力）
950日圓

這款巧克力口味的瑞士捲，和原味一樣以相同的方式製作。它是以口感豐潤的可可蛋糕，捲包打發的鮮奶油。在中心還捲入巧克力醬，以突顯巧克力的風味。

該店的瑞士捲都是同一尺寸，所以使用統一的專用盒來包裝。因為該店特別重視雞蛋的風味，所以包裝盒也採用柔和的卵黃色。一打開拱形的盒蓋，裡面還印有主廚想傳達給顧客的訊息。

人氣瑞士捲陳列在甜點櫃的最上層。賣完後便會從旁補充。「和三盆瑞士捲」因為是新商品，所以目前僅限量銷售，幾乎在中午之前就都被搶購一空。

●作法在第88頁

芳香的焦糖味與西洋梨交織出的秋之風味

西洋梨焦糖瑞士捲

1260日圓

Dœux Sucre

ドゥー・シュークル

佐藤均　店主兼糕點主廚

佐藤均主廚在1998年開店之初，為了儘量降低商品的價格，選擇了今天的店址。它距離東京江戶川區平井車站步行不到3分鐘的地方，那裡靠近熱鬧商店街的入口，地價比市中心低，因此主廚能夠壓低商品價格，可是甜點的品質卻一點也不打折。

該店位於人口稠密的老市區，主要顧客為家庭，店內除了販售主廚在法國學得的正統法國甜點外，還加入他特別研發改良，博得各年齡層顧客喜愛的甜點。平常受歡迎的人氣甜點包括泡芙、布丁、烘烤類起司蛋糕「suiss」等，瑞士捲是僅次於它們的熱銷商品。每逢週末，該店固定會推出3種瑞士捲共30～35條。

「日本人喜愛海綿蛋糕，瑞士捲又能看到內餡，顧客可想像它的味道，所以能放心購買」佐藤主廚如此表示。大家可以一起分切享用，這點也是瑞士捲的魅力之一，所以該店的瑞士捲都是整條販售。

該店的招牌瑞士捲有「匠瑞士捲」和「水果瑞士捲」，前者組合分蛋海綿蛋糕和香堤鮮奶油，讓人品嚐簡單食材的獨特美味，後者則以分蛋海綿蛋糕捲包香堤鮮奶油和當季水果。

「西洋梨焦糖瑞士捲」是自秋季到冬季的季節限定商品。蛋糕混合2種口感細綿的粉類，蛋採取全蛋法製作，氣泡十分細緻，烤好後的特色是蛋糕口感綿細、柔軟又濕潤。用來增添風味的焦糖，所含的水分使蛋糕更加濕潤。主廚製作的蛋糕給人高雅柔和的感覺，焦糖的味道不致於太突顯，吃完後也不會殘留濃厚的氣味與芳香。

另外，最初塗在蛋糕上的焦糖鮮奶油，裡面加入義大利產味道濃厚的蜂蜜來增添柔和風味，並以「給宏德」產的鹽來提味。焦糖鮮奶油上還疊塗上香堤鮮奶油，之後撒上蜜漬法國西洋梨，最後在表面以鉻鐵做焦糖化處理，使瑞士捲更添芳香與美味。

瑞士捲商品簡介

匠瑞士捲　1260日圓

主廚嚴選蛋黃顏色深濃、味道醇美的「那須御養蛋」，以及口感細綿的粉類，以分蛋法來製作口感細軟又濕潤的蛋糕。蛋糕和奶油餡的美味讓人無限滿足。

水果瑞士捲　1100日圓

以分蛋法製作的海綿蛋糕，特色是口感較密實，但卻利用水果的水潤感和鮮奶油的圓潤感來展現其輕軟度。內餡中共運用5種水果。

這是該店5年前開始熱銷瑞士捲時，所製作的獨特包裝盒。關上盒口後，盒身部分會隆起，因此能夠平穩的提著走，上面的提把設計得很大，即使男性也很好提。喜氣的紅色，也可以直接作為贈人的禮物。

① 在砂糖煮沸的瞬間熄火倒入鮮奶

製作焦糖。將白砂糖以中火加熱煮融，當細泡升起又消失時，立即熄火，再倒入加熱的鮮奶和鮮奶油。

② 用打蛋器充分混合以免融合不均

即使熄火後，焦糖仍會像圖中那樣繼續沸騰。加入鮮奶充分攪拌均勻，然後倒入淺鋼盆中，讓它變涼到大約比人體體溫略高一點的溫度。

③ 在打發的全蛋中加入麵粉充分混勻

將全蛋和砂糖類充分攪打發泡，加入篩過的麵粉，如同從盆底往上舀取一般來混合，以避免麵粉沉入盆底。

④ 一面慢慢倒入焦糖一面混合

將冷卻至38～40℃的焦糖，一面慢慢的倒入其中，一面混合均勻。若一口氣全部倒入，容易造成混合不勻的情形，這點請注意。

費心讓海綿蛋糕和細綿奶油餡融合為一

貴婦人的瑞士捲
1500日圓

● 作法在第89頁

LE PÂTISSIER T.IIMURA
ルパティシェ ティ イイムラ

飯村崇　糕點主廚

「LE PÂTISSIER T.IIMURA」甜點店位於東京向島的舊市區，該店因推出正統的法國甜點而備受矚目。

老板飯村崇主廚表示「瑞士捲是表現一家店價值觀和風格的魅力甜點，它展現了製作甜點的所有概念，例如使用何種材料，如何來製作等等」。主廚製作的瑞士捲，「希望顧客入口後，感覺蛋糕輕柔到彷彿能和奶油餡同時融化一般」。為何要製作口感如此輕柔的蛋糕，飯村主廚表示「我是為了讓蛋糕和奶油餡擁有相同的化口性。奶油餡的水分滲入蛋糕中，使它的濕潤度恰到好處，才能如此輕柔，而奶油餡的水分被吸除後也更加爽口。」

要製作輕柔的蛋糕，配方中得要減少麵粉的分量，可是一般的麵粉粒太粗，容易殘存粉末顆粒。因此主廚選用粒子非常細緻，製作長崎蛋糕的專用麵粉「寶笠Gold」。若用這種麵粉，只需很少的分量，就能製作出質地極細緻、綿密又濕潤的蛋糕。海綿蛋糕的基本配方，蛋與麵粉的比例是2：1，但主廚是採取3：1的比例，並以高溫、短時間烘烤，才完成如此蓬鬆輕軟的蛋糕。

塗抹在蛋糕上的香堤鮮奶油，是以含乳脂肪成分42%的鮮奶油打發而成。儘管味道濃厚，但和水果柔和、清爽的酸味非常對味。蛋糕的軸心還捲入以高比例蛋黃製作的卡士達醬。

隨著不同的季節，餡料用水果的種類也有所變化，主廚會考慮顏色和味道間的平衡，口感上的差異來加以組合。不論任何組合搭配，都是一條蛋糕使用80～90g的水果。主廚希望能讓顧客直接品嚐到輕軟的蛋糕、味道香醇的2種奶油餡，以及水果這三大元素的風味，因此在蛋糕表面不塗奶油醬，也不裝飾任何水果。

雖然該店的顧客，許多都是慕名而來的甜點迷，可是該店主要客源仍是當地的老主顧，其中很多都是攜子前來的父母或者年長者。比起講究材料和構成的小蛋糕，使用平凡材料的瑞士捲，還更吸引這些顧客群。許多年長的顧客，都會購買「貴婦人的瑞士捲」作為贈禮，該店平均每天可銷售20條。

瑞士捲商品簡介

巧克力瑞士捲
360日圓

以分蛋法製作的巧克力風味舒芙蕾蛋糕，口感十分蓬鬆輕軟。以巧克力醬和香堤鮮奶油混合成的奶油餡，味道濃醇綿密，但吃起來卻很爽口。

該店的包裝盒是採用現成的紙盒，它是該店偶然發現，盒上具有和該店商標水珠圖案很搭調的設計，因而選用。白色和巧克力色雙色組合所呈現的沉穩氣氛，和該店的商標貼紙也能完美的融為一體。

1

黏稠發泡的全蛋和
麵粉要充分混匀

將砂糖和加入鮮奶加熱的全蛋，先過濾一次後充分打發，一面分2～3次加入篩過的麵粉，一面如切割般大幅度混拌。

2

繼續混合
讓它呈現黏稠狀態

一般的麵糊若過度混合，會烤出扁塌的蛋糕，可是寶笠Gold這種麵粉，若不充分混匀，烤出的蛋糕表面會有砂糖結晶，因此一定要充分混合。

3

加入煮融的奶油液
再繼續混合

在2中加入煮融的奶油液，充分混合。麵糊最好已度過細柔的絲綢狀階段，變得像圖片所示一般，當刮刀上舉，麵糊會如細絲般緩緩流下來的黏糊狀態。

4

短時間烘烤
完成蓬鬆的蛋糕

在鋪好烘焙紙的烤盤上，倒入麵糊，放入170℃的對流式烤箱中約烤13分鐘。因烘烤的時間短，容積中的水分散失較少，所以完成的蛋糕口感十分鬆軟。

以埼玉縣產的小麥「茜」製作的鬆軟瑞士捲

純生瑞士捲
800日圓

● 作法在第90頁

14 Juillet

キャトーズ・ジュイエ

白鳥裕一　店主兼糕點主廚

該店甜點的特色，是具有濃厚、對比強烈的獨特風味，這點也是它深受顧客支持的原因。而其中，為了與其他甜點加以區隔，該店大膽推出口感輕柔、風味柔和的「純生瑞士捲」，作為該店的招牌商品之一。

主廚組合了日本人喜愛的海綿蛋糕與鮮奶油，由於它的風味柔和，深得各年齡層顧客的喜愛。「難以置信的柔和風味，令我感動」、「讓我感受到無與倫比的輕軟滋味」，主廚常聽到顧客這麼形容。

此外，包括剛產下的新鮮雞蛋（那須御養蛋）、日本產麵粉、岩手縣葛卷地區的低溫殺菌鮮奶，以及北海道產的純鮮奶油等，主廚一方面嚴選食材，一方面打出一條800日圓的價格，深深吸引顧客的目光。

材料中特別值得一提的是麵粉。它是100%使用當地埼玉縣杉戶地區栽種的小麥品種「茜」磨製而成，此麵粉的優點是烤出的蛋糕有黏Q感，適當麩質也很彈牙，而且蛋糕不易扁塌等。這種麵粉顆粒極細緻，能做出濕潤的蛋糕，可是卻容易結成粉粒，因此使用前最好先篩過2次。使用日本產的商品製作，顧客吃起來也會比較安心。

白鳥主廚經常嘗試新食材，一旦發現比現用的更好的材料，就會立刻替換使用，「茜」這種麵粉，自2009年才開始使用。隨著季節轉換，換用不同水果的「水果瑞士捲」，所使用的蛋糕和純生瑞士捲相同。「生巧克力瑞士捲」是混合「茜」麵粉、可可粉和巧克力製成的海綿蛋糕，它比製作純生瑞士捲業更為麻煩。而「澤西鮮奶油（Jersey cream）水果乾瑞士捲」則使用舒芙蕾蛋糕，蛋糕中加入等比例的「茜」麵粉和再來米粉，讓鬆軟口感和再來米粉特有的濕潤感達到完美的調和。

純生瑞士捲中塗抹的香堤鮮奶油，為了和蛋糕取得平衡，使用含乳脂肪成分35%的清爽鮮奶油，以及味道香濃的北海道產純鮮奶油。蛋糕中加入只用Bourbon香草莢製作的100%天然濃縮香草精「Mon Reunion」，能讓人嚐到隱約散發出的自然甜香。純生瑞士捲的美味與實惠價格眾所周知，吸引了許多熟客前來購買，由於一推出便會立刻賣光，所以該店每天分早上、中午和傍晚共製作3次，提供剛完成的新鮮蛋糕。

瑞士捲商品簡介

生巧克力瑞士捲　1500日圓
以日本產麵粉「茜」和可可粉製作的柔軟海綿蛋糕，捲包巧克力香提鮮奶油。蛋糕和奶油餡的口味都不會太濃厚，是一款能讓人輕鬆享用的巧克力風味蛋糕。

秋之水果瑞士捲　1580日圓
採用和純生瑞士捲一樣的蛋糕。混合含乳脂肪成分40%的濃味鮮奶油，更加突顯水果的風味。組合無花果、葡萄、洋梨和栗子等水果，屬於秋天的蛋糕。

澤西鮮奶油水果乾瑞士捲　320日圓
以等量的日本產麵粉「茜」和再來米粉混合製作的舒芙蕾蛋糕，口感蓬鬆柔軟。其中捲包著大量水果，以及風味濃郁、充滿乳香的澤西鮮奶油。

1 將充分打發的全蛋和麵粉混合均勻
在充分攪打發泡、氣泡均勻細滑的蛋汁中，加入粉類混合。重點是要混合到如圖片所示般細滑的狀態。

2 加入鮮奶和奶油混合成綢緞狀
在已加熱的鮮奶中融入奶油，倒入麵糊中充分混拌均勻。舀取麵糊，若麵糊能像綢緞般滑落，再繼續混合，讓氣泡變得更細。

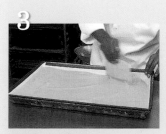

3 麵糊倒入烤盤中刮平的次數要儘量減少
在烤盤上倒入麵糊刮平，若刮拭過度，烤出來的蛋糕會扁塌，所以要儘量減少次數，將刮刀從高處往低處準確的來刮平。

4 一面使用棍棒一面均勻施力來捲包
在蛋糕上塗上奶油餡後，剛開始捲包時要確實將蛋糕摺彎形成軸心。用棍棒抵住紙張的前面，一面平均施力拉動紙張，一面將蛋糕捲起來。

經常每天狂銷300條，以再來米粉蛋糕體為主角的瑞士捲

王妃的瑞士捲

1050日圓

● 作法在第91頁

La Reine

ラ・レーヌ

本間 淳　糕點主廚

位於東京高圓寺的「La Reine」甜點店，推出以季節蛋糕為主，以及泡芙、瑞士捲等適合日常食用的甜點，由於價格很經濟實惠，因此吸引許多當地的顧客，成為門庭若市的人氣甜點店。「王妃的瑞士捲」是以店名來命名（La Reine＝王妃的意思），也是該店的招牌商品。平均一天約製作100～200條，碰到百貨公司有活動時，甚至一天可狂銷300多條，是該店自開幕以來，最受歡迎的商品。這款瑞士捲最大的特色是，以再來米粉取代麵粉。

「我之所以使用再來米粉，是希望能製作小麥過敏者也能食用的蛋糕」本間淳主廚表示 。該店開幕時，主廚推出泡芙、布丁和瑞士捲這三種日本人較熟悉的甜點，其中，本間主廚首度嘗試使用再來米粉來製作瑞士捲。

此外，主廚考慮到食用的安全性和食材自給率等問題，他希望「能以國產食材製作蛋糕」，這樣的想法得以在這款瑞士捲上實現。

「王妃的瑞士捲全部以再來米粉、蛋和蜂蜜等國產食材來製作。日本有許多很優良的食材，米製的粉就是其中之一，我希望把它當作蛋糕的材料，將它推廣開來。未來我想以再來米粉製作出能銷售到國外的蛋糕」。

用再來米粉製作的瑞士捲蛋糕，和用麵粉製作的蛋糕味道截然不同，它的口感極富彈性。因為米粉不像麵粉那樣具有獨特的香味，所以雞蛋的味道能突顯出來，而且即使沒有加入油脂，也依然保有柔軟度，這些都是它的優點。

另一方面，再來米粉因為不含麩質，所以也有不易膨脹的特性。該店為了製作出極細緻、柔軟的蛋糕，採用德國製的攪拌機，它能以特殊的攪拌方式，讓麵糊飽含空氣，每天生產品質穩定的蛋糕。

本間主廚研發這款瑞士捲的蛋糕，據說靈感是來自「長崎蛋糕」。「對日本人來說，長崎蛋糕的文化比海綿蛋糕還要久。因此為迎合熟悉長崎蛋糕的日本人的喜好，我將這款瑞士捲的外觀，做得有點像是長崎蛋糕，讓它烤色朝外捲包奶油餡」本間主廚如此表示 。以蛋色鮮濃、口感柔軟的再來米粉製作的蛋糕為主角，組合上以45％乳脂肪成分的濃郁鮮奶油製作的香堤鮮奶油，形成誘人的豪華美味。

雖然蛋糕很厚，但化口性絕佳，吃起來出乎意料的爽口，因而深獲大眾好評。「讓人意猶未盡的美味」的宣傳口號，也是促使這款瑞士捲暢銷的原因之一。

瑞士捲商品簡介

季節瑞士捲（栗子）
1350日圓

這是秋季限定商品。以濕潤的海綿蛋糕，捲包澀皮煮和栗及香堤鮮奶油。在中央的奶油餡中，還擠入卡士達醬，以增加重點風味。

為配合「王妃的瑞士捲」此名稱的意象，該店使用能讓人連想到高貴、具獨特感的銀色瑞士捲專用盒。並以該店的商標色橘色，在盒面上作為設計的重點。

瑞士捲陳列在甜點櫃中央上層的醒目位置。因為每天都狂銷不停，所以該店事先裝入盒中，以因應川流不息的購買人潮。

以最優質的蛋糕和鮮奶油，追求簡單的美味

歡慶瑞士捲
945日圓

● 作法在第92頁

Pâtisserie KOTOBUKI

パティスリー　コトブキ

上村 希　主廚

創立於1972年的「Pâtisserie KOTOBUKI」甜點店，位於東京葛飾的商店街的一隅。多年來，該店一直深受當地區民的喜愛，第二代的上村希主廚高中畢業後赴法，在當地的甜點學校和甜點店，學習正統的法國甜點。回國後他充分發揮留法的學習經驗，在製作店中既有的西點的同時，還致力研發推出許多新商品，使店內的甜點內容更為多樣化。其中，瑞士捲就是能讓顧客享受新舊蛋糕對比風味的商品之一。

「裝飾著草莓和栗子等的瑞士捲，一直是店內的人氣商品，但是我想製作風味更單純的瑞士捲」上村主廚說道 。「歡慶瑞士捲」正是基於這樣的想法所研發出的產品。我覺得簡單的東西騙不了人，「我打算以最優質的蛋糕和鮮奶油來製作瑞士捲」，主廚將這項商品納入研發之列。

主廚希望瑞士捲仍保有分量感，因此他使用分蛋法來製作海綿蛋糕。使用大量的蛋來製作，這樣蛋糕不但蓬鬆柔軟，也能呈現濕潤的口感。

「蛋黃中先混入一半分量的蛋白霜，混合低筋麵粉後，最後再混入剩餘的蛋白霜。這麼一來，蛋白霜能殘留大量的氣泡，進

而烤出柔軟的蛋糕」上村主廚說道 。蛋糕中加了蜂蜜和轉化糖，能呈現爽口的濕潤感，並以奶油增加香味和濃醇美味。就這樣，主廚開發出具有豪華配方與輕軟口感，充滿魅力的瑞士捲蛋糕。

以此蛋糕捲包的奶油餡，是風味單純的香堤鮮奶油。上村主廚從眾多鮮奶油中，精選出明治乳業（公司）所生產的「Aziwai」鮮奶油。「它含有高達40％的乳脂肪成分，味道香濃卻不厚重，十分清爽，而且入口即化。這樣的美味深受大眾喜愛，因此我選用這款鮮奶油」上村主廚說道。只有「歡慶瑞士捲」才使用「Aziwai」鮮奶油，這也更能提升它的價值感。

主廚組合使用大量蛋黃，色澤金黃、豪華的蛋糕，以及雖然沒有超出所需分量，但仍充滿存在感的奶油餡，完成了這款引以自傲的絕味瑞士捲。

「我希望能讓顧客輕鬆吃到瑞士捲，因此訂價儘量合理」，儘管成本很高，但主廚仍然將價格壓制在1000日圓以內。他將任何人都愛的瑞士捲升級，卻以實惠的價格銷售，目的是想將「歡慶瑞士捲」的創新美味傳達給當地的人們。

瑞士捲商品簡介

栗子瑞士捲　1150日圓

以豐潤的海綿蛋糕，捲包香堤鮮奶油，外表還裝飾栗子鮮奶油和甘露煮栗。它是該店過往以來一直提供的商品，是由蒙布朗蛋糕改良而成。

草莓瑞士捲　1250日圓

這是以海綿蛋糕捲包香堤鮮奶油，外表還裝飾上香堤鮮奶油和草莓。這款蛋糕全年供應，是深受當地人喜愛的該店招牌瑞士捲。

為了保持蛋糕的濕潤口感，該店包裝蛋糕時，是先用保鮮膠膜捲包蛋糕，再用深褐色緞帶繫綁，呈現出一種高雅感。白色紙盒上，捲包著印有「歡慶瑞士捲」圖案設計的盒腰帶。若要作為贈禮用時，該店還提供更正式的包裝。

發揮本和香糖的風味，使用黏Q的蛋糕

和本瑞士捲
1575日圓

● 作法在第93頁

LOBROS SWEETS FACTORY

ロブロス スイーツ ファクトリー

森川將司　糕點主廚

「和本瑞士捲」是主廚發現沖繩產的「本和香糖」後，所開發出的瑞士捲。以100％沖繩產砂糖為原料製成的本和香糖，富含礦物質，目前甜點店也漸漸開始使用。

「本和香糖略呈褐色，獨特風味，甜味也很柔和。為了讓瑞士捲的蛋糕，充分展現這種砂糖的最佳風味，我想到以舒芙蕾蛋糕的作法來製作」森川將司說道。

以分蛋法製作的舒芙蕾蛋糕，作法是先用奶油炒香麵粉，再加入蛋和鮮奶讓其乳化，之後混合打發的蛋白霜。這個配方中因蛋和鮮奶等材料，使得水分含量多，製作出的蛋糕除了口感濕潤外，特點是還具有適度的黏Q度與彈性。這樣的口感，主廚認為最適合表現本和香糖的獨特風味。

舒芙蕾蛋糕的黏Q感，是因為奶油拌炒麵粉後，麵粉產生麩質所致。為了加強麩質，該店還搭配使用高筋麵粉。

「就像製作泡芙皮一樣，麵糊要加熱到成為一團，不會沾鍋為止。製作的重點是，為避免所需的水分散失，加熱到不沾鍋的時候，麵糊就要立刻離火」森川主廚如此說明。

此外，為了不讓蛋糕的質地太硬，蛋白霜發揮的作用也很重要。充分打發的蛋白霜，混入基本的麵糊中時，要如切割般大幅度的混拌，以避免氣泡破滅，使得烤出的蛋糕太硬。

在以此法完成的舒芙蕾蛋糕，捲包添加本和香糖柔和甜味的香堤鮮奶油之前，舒芙蕾蛋糕上還要先塗上一層極薄的迪普洛曼鮮奶油。主廚表示迪普洛曼鮮奶油加入當地雞蛋的濃醇蛋香，比起只捲包香堤鮮奶油，蛋糕更加香濃有味，它可以說是具有幫瑞士捲「調味」的作用。塗了迪普洛曼鮮奶油之後，再捲入大量香堤鮮奶油，然後外側也塗上一層，這款深受鮮奶油愛好者歡迎的豪華瑞士捲，就大功告成了。

該店自開幕以來，一直提供一款名為「幸運黃瑞士捲」的商品。其海綿蛋糕使用大量的那須雞蛋，是該店另一項值得一嚐的瑞士捲。與它相比，「和本瑞士捲」則擁有截然不同的風味。目前，這兩種商品各有不同的甜點迷支持，不過也有很多人會同時購買兩者。

瑞士捲商品簡介

幸運黃瑞士捲
1575日圓

在蛋糕中，採用蛋黃色澤鮮濃，有「那須紅太陽」之稱的當地雞蛋。裡面大量捲包著使用相同雞蛋，以及乳脂肪成分45％的香醇鮮奶油所製作的迪普洛曼鮮奶油。

著重突顯對比色彩的長銷商品

蜂蜜瑞士捲
1260日圓

● 作法在第94頁

pâtisserie RICH FIELD

パティスリー　リッチフィールド

福原光男　店主兼主廚

「Bocksun」是創立於1935年的老字號甜點名店。福原光男主廚的父親曾在這家名店工作，主廚表示「『Bocksun』非常重視麵糊，我傳承該店的精神和技術，且希望能傳給後代一些特別的東西」，對於父親引以為傲的海綿蛋糕，主廚更是極講究與堅持。因此，以蛋糕為主角的瑞士捲，對「RICH FIELD」甜點店來說，可說是極為特別的甜點。

現在，該店販售2種瑞士捲。一是自秋季開始販售的「RICH瑞士捲」，它的蛋糕是以分蛋法製作的比司吉蛋糕，以及這次所介紹的「蜂蜜瑞士捲」，它則是以全蛋法製作的海綿蛋糕。關於「蜂蜜瑞士捲」的內餡部分，秋天是以和栗取代草莓，再搭配大量的季節水果等，它是該店開幕時最基本的商品，日後又加入許多的變化。

福原主廚研發這項商品之初，心中設定的蛋糕特色是具有單純的視覺印象。以外觀看起來分外可口的褐色蛋糕，包裹著鮮紅的草莓和雪白的鮮奶油，紅、白、黃三色形成強烈的對比。主廚說「我十分講究這些對日本人來說非常熟悉親切的色彩」，為了

呈現理想的色彩，主廚在麵糊中使用以彩色甜椒飼育的雞隻，所產下的蛋黃色澤深濃，且具高營養價值的鹿兒島產「櫻美人蛋」。砂糖比白砂糖更能發揮焦化作用，所以採用烘烤後顏色會變得深濃的上白糖。

雪白的香堤鮮奶油，是由兩種鮮奶油混合而成，一是即使放在甜點櫃中較長時間也不易變色，含乳脂肪成分45％的森永乳業公司日本產的白色鮮奶油，以及白色略呈乳黃，奶味香濃的森永乳業公司產，含乳脂肪成分36％的鮮奶油。這兩種鮮奶油混合後，顏色雪白味道又香濃，而且，為了呈現入口即化的口感，主廚使用粉粒超細的低筋麵粉。

以「製作從小孩到大人都能儘情享受的甜點」為訴求的該店，蜂蜜是採用沒有怪味的蓮花蜂蜜，而孩子喜愛的蛋糕中不可或缺的草莓，碰到生產淡季，該店仍會以櫻桃白蘭地和糖粉醃漬後再使用，如此費心、花工夫完成的美味，深得廣大顧客群的歡迎與支持。

瑞士捲商品簡介

RICH瑞士捲
1200日圓

自秋季開始販賣。最後才加入蛋白霜以分蛋法製作的蛋糕，口感鬆軟細綿如綿花一般，其中捲包有香堤鮮奶油和卡士達醬。

季節蜂蜜瑞士捲
1365日圓

蜂蜜瑞士捲上裝飾著大量的當季水果。可販售一片或一條，是各季節登場的重點商品。華麗的外觀和味道，讓人充分享受蛋糕的美味。

和栗瑞士捲
336日圓

主廚使用的和栗，是他親自前往熊本縣，等到糖度變高才收成的產品。甘露煮栗捲包在蜂蜜瑞士捲中，上面還裝飾著栗子糊和馬卡龍。

圖中是「RICH瑞士捲」用的紙盒。灰色的紙盒上，印上寫著商品名的醒目桃紅商標。沉穩的設計，散發成熟的氛圍。

ROLL CAKE

以分蛋海綿蛋糕製作，外觀也顯得輕軟可口

水果瑞士捲

2200日圓

● 作法在第95頁

Pâtisserie Salon de thé Amitié 神樂坂

パティスリー サロン・ドゥ・テ アミティエ 神楽坂

三谷智惠　店主兼糕點主廚

位於東京神樂坂的「Amitié」甜點店，老闆三谷智惠小姐曾在巴黎甜點學校學習甜點製作。這次介紹的「水果瑞士捲」，與法國傳統的甜點有點距離，是三谷主廚衡量過日本人的喜好所開發出的蛋糕之一。

「在法國提到瑞士捲，像是聖誕木柴蛋糕（bûche de Noël）等，幾乎都是在特別的日子才吃得到的蛋糕。法國不像日本，甜點店平時會販售瑞士捲作為日常的甜點，即使有的話，大多都是捲包奶油醬或果醬的普通蛋糕」三谷主廚說道。

該店專為日本人設計的這款瑞士捲，是採用法國甜點中的招牌蛋糕之一——分蛋海綿蛋糕，裡面捲包迪普洛曼鮮奶油和水果。主廚表示，這款蛋糕製作之初便已設定，具有日本人喜愛的柔軟口感，外觀華美，也可以作為禮物送給朋友。

分蛋海綿蛋糕是將分蛋法製成的麵糊，裝入擠花袋中擠成棒狀，撒上糖粉後再烘烤成蛋糕。斜向擠製的麵糊會呈現花樣，比起單純的海綿蛋糕外觀顯得更有趣可口，輕軟的口感也是它的魅力之一。表面酥鬆、裡面蓬軟的獨特口感，讓人充分體嘗到瑞士捲的雋永美味。

主廚選擇迪普洛曼鮮奶油作為奶油餡。她認為如果光用卡士達醬，味道會變得太濃郁，只用香堤鮮奶油的話，味道又太單調，所以她才選擇迪普洛曼鮮奶油。

「我覺得分蛋海綿蛋糕中，與其包入像奶油醬這樣的厚重奶油餡，倒不如捲入如慕斯般輕柔口感的餡料，感覺上更適合。我店中的瑞士捲，當初是希望各年齡層的顧客都能夠食用，因此不使用洋酒，但是奶油餡中加入櫻桃白蘭地酒等，除了能增加香味外，還能消除蛋腥味，我覺得蛋糕會變得更美味」三谷主廚如此建議道。

增加外觀和風味重點的水果，對蛋糕來說也很重要。主廚表示使用奇異果、覆盆子等具酸味的水果，能夠提升蛋糕美味，使味道變得更有層次。

瑞士捲商品簡介

摩卡瑞士捲
2200日圓

這是使用濕潤的海綿蛋糕，咖啡風味的瑞士捲。主廚不使用英式奶油醬，而是用具有高乳脂肪成分的鮮奶油，加上濃縮咖啡液來呈現濃厚的咖啡風味。秋冬季限量販賣。

避免蛋糕龜裂，
用刀子割出刀痕

為避免蛋糕捲包時龜裂，可用刀子在蛋糕的數個地方橫向輕畫出切痕。在一開始捲包的前面，以及蛋糕的邊緣，尤其要仔細割出切痕。

水果橫向並列，
完成色彩鮮麗的瑞士捲

蛋糕上塗上迪普洛曼鮮奶油，從前面開始依序橫向放上杏桃、奇異果和覆盆子，依此順序重複2次。

秋冬季時，該店的甜點櫃中陳列著全年提供的「水果瑞士捲」，以及秋冬限定的「摩卡瑞士捲」。瑞士捲屬於該店的人氣商品，兩種口味都有許多死忠的甜點迷支持。

馬卡龍
MACARON

馬卡龍的魅力

近年來興起一股馬卡龍熱潮，全年販售馬卡龍的甜點店也日益增加。在法國各地，有各式各樣種類的馬卡龍，而日本的甜點店，則是配合自家店的顧客群口味，製作不同風味與口感的私房馬卡龍。

馬卡龍最大的魅力，在於咬下去的剎那有某種硬度，可是一入口後卻又立即消融的極獨特口感，而且還能嚐到奶油醬或巧克力醬等餡料，與馬卡龍混合時所產生的美妙風味。

馬卡龍基本的配方雖然大同小異，可是杏仁種類、處理方式、蛋白處理法、蛋白霜種類、烘烤法等的差異，會展現不同的口感與特色。此外，夾入其中的餡料，也不只一種巧克力醬或奶油醬，還能組合果醬和蜜漬水果等，味道豐富多變，也是馬卡龍超人氣的主因。

關於混拌麵糊作業

混拌麵糊（Macaronnage）的作業，可說是各主廚製作馬卡龍時最重要的工作。製作馬卡龍麵糊過程中，最關鍵的混拌麵糊作業，就是將充分打發的蛋白霜（蛋白）氣泡弄破的作業。大部分混拌的標準是，麵糊要泛出光澤、變得細滑，以刮刀舀取往流下時，會呈現如同絲綢一般的狀態，但其間的差異和呈現方式，也視不同的主廚，而有不同。

一般來説，混拌麵糊作業力道較強，能烤出較富光澤的馬卡龍，相反的混拌力道較弱，則能烤出較圓、較隆起的馬卡龍。

總之，隨著不同的配方和烤箱，混拌麵糊作業的標準也會改變，重點是要找出自己最佳的方式。

馬卡龍的美味度
也很講究

左圖是「14 Juillet」甜點店，使用自製的2種杏仁粉所製作的馬卡龍。該店不只是講究奶油醬和巧克力醬，也很講究馬卡龍的美味度。

提升奶油醬和
巧克力醬的魅力

有的店家不只在馬卡龍中夾入奶油醬和巧克力醬，還組合水果、果醬、蜜餞和香煎水果等，使其風味更富變化與層次。

銷售手法

　　五彩繽紛、造型可愛、呈小圓形等，都是馬卡龍受歡迎的主因。將它們並排陳列於甜點櫃中，必定十分惹眼醒目。有的店家會依照不同的種類，整齊漂亮的排成列，以方便顧客選取，有的店家則會直接將不同口味色彩的馬卡龍，裝在盒子或包裝袋中販售。此外，由於馬卡龍容易受潮和吸收異味等，所以也有許多店家會一個個分開包裝販售。

　　每家店在包裝上都十分用心。和其他蛋糕不同，馬卡龍包裝盒的最大特色是，大部分都能透視盒內的狀況。換句話說，多數馬卡龍是以透明盒盛裝，或是盒上一部分嵌有透明塑膠或玻璃紙，讓人一眼就能看到馬卡龍美麗的色彩。它繽紛的色彩尤其受到女性朋友的喜愛，購買作為贈禮也是它暢銷的主因之一。

費工在麵糊中
添加天然色彩

馬卡龍的美麗色彩是食用色素染色而成。但是在日本，有的店家不太喜歡食用色素，因此完全不使用，而是費工在麵糊中添加天然色彩，有的店則是儘量減少使用食用色素。

麵糊中使用的蛋白霜
要充分打發

在麵糊中使用的蛋白霜有義式和法式兩種，每個主廚雖有不同的想法，但是很重要的是，基本上蛋白霜要充分打發到拿起攪拌器時，蛋白霜不會落下的發泡程度。

以自身感覺
來衡量最佳攪拌度

「麵糊攪拌作業」是混合蛋白霜和杏仁糖粉的重要作業。它等於是「將充分打發的蛋白霜氣泡弄破」的作業，要混合到什麼程度，氣泡要破滅到何種程度，依不同配方和烤箱而有異，因此每家店會視情況加以調整。

以雙色馬卡龍，表現能嚐到的2種美味

香草杏桃馬卡龍

250日圓

● 作法在第96頁

à tes souhaits!

川村英樹　店主兼糕點主廚

東京吉祥寺的人氣甜點店「souhaits」，目前共販售12種口味的馬卡龍。

「自開幕以來的3年裡，每到白色情人節期間，事先準備好的馬卡龍禮盒，熱賣情況總是超出我們的預期。於是我決定將馬卡龍當作店的招牌商品，增加更多的口味」店東川村英樹主廚這麼表示。主廚認為外形渾圓可愛，五顏六色的馬卡龍，也許是它目前人氣不墜的最大原因。

在味道上，馬卡龍的魅力在於外與內的對比口感。剛入口時，口感酥鬆，一咬下去，口感又變得濕潤、柔軟，這樣的對比口感，被認為是馬卡龍最吸引人的地方。川村主廚表示，雖然奶油餡是用來表現口味，可是只有奶油餡美味，沒有任何意義。

「馬卡龍能突顯奶油餡的風味，但是馬卡龍的口感不佳，就表現不出奶油餡的美味，美味的麵糊是製作馬卡龍絕不可或缺的」川村主廚說道。

該店在馬卡龍麵糊中用的蛋白霜，是義式蛋白霜。一次要以1000個單位大量製作時，法式蛋白霜容易變稀軟，因為很難全部混勻。而且，義式蛋白霜比較適合呈現表面酥鬆的口感，擠出後也不需要乾燥的時間，在作業上也比法式蛋白霜佳。

烤好的馬卡龍夾入奶油餡後，該店會暫放入冷凍庫中。藉由這個步驟，水分會回到馬卡龍中，形成表面酥鬆、裡面濕潤的對比口感。掌握這樣的流行風味，是該店製作馬卡龍的基本方向。

主廚介紹的「香草杏桃馬卡龍」，其中夾入添加香草風味的香草奶油餡及糖漬杏桃，是該店的人氣馬卡龍。主廚使用白色香草麵糊和橘色麵糊，能讓人享受到2種風味，在外觀上一目了然。馬卡龍上、下片不同的顏色，其魅力在於看起來不但別具風貌，顧客選擇時也更富樂趣。

馬卡龍的商品簡介

巧克力
250日圓

以加入可可粉的馬卡龍，夾入巧克力醬。人氣No.1。

羅勒檸檬
250日圓

以黃色和黃綠色馬卡龍，夾入加了羅勒的檸檬柑橘果醬。

黑醋栗
250日圓

以紫色馬卡龍，夾入加了黑醋栗糊的黑醋栗奶油醬。

覆盆子
250日圓

用桃紅色馬卡龍，夾入該店自製的覆盆子果醬。

百香果：黃色和橘色的雙色馬卡龍×百香果牛奶巧克力醬

咖啡：加入濃縮咖啡液的褐色馬卡龍×咖啡巧克力醬

黑芝麻：香草馬卡龍×黑芝麻奶油醬

葡萄柚：紅和橘雙色馬卡龍×葡萄柚果醬

開心果野櫻桃：野櫻桃馬卡龍×開心果奶油餡和野櫻桃

標準是麵糊一面滑落一面延伸的感覺

用刮板將麵糊輕輕壓拌，確實進行麵糊的攪拌作業，直到麵糊一面滑落，一面延伸的感覺。

裡面藏入杏桃

在馬卡龍中擠入香草奶油醬，在中央放上糖漬杏桃，上面再蓋上香草馬卡龍。能夠讓人享受2種美味。

10個裝的馬卡龍，具有多種口味，共2800日圓。使用2種口味的馬卡龍，店家刻意側放在盒中，感覺十分獨特。

馬卡龍和生菓子一起放在另外的冷藏櫃中，馬卡龍置於上層。12種口味整擠分列，顧客對商品不但能一目了然，也清楚展現店家多樣化口味的訴求。

MACARON

以自製杏仁粉和果醬來提升美味度

無花果黑醋栗馬卡龍
189日圓

● 作法在第97頁

14 Juillet

キャトーズ・ジュイエ

白鳥裕一 　店主兼糕點主廚

「馬卡龍屬於杏仁風味的甜點，因此我認為最重要的是將杏仁味和香味發揮到極致」白鳥裕一主廚如此表示，杏仁糖粉用的杏仁粉及杏仁膏，該店都使用自製品。自製過程中，主廚還經過不斷嘗試，例如先採用Marcona和普羅旺斯產等品種的杏仁，最後才選定具有芳醇香味和甜味的西西里產和加州產杏仁，以等比例混合使用。

義大利Roboqbo公司的「QBO150」的多功能食物調理機，是主廚的得力助手。它具有混合、切碎、乳化、加熱、冷卻、真空、加壓等多樣化功能，不只能製作杏仁粉和杏仁膏，還能製作巧克力醬、卡士達醬和果醬。

麵糊用杏仁糖粉中的杏仁會滲出許多油分，混入蛋白霜之後，會使氣泡大量破滅超出所需，所以杏仁和白砂糖攪拌後，要先放置一晚。這麼一來砂糖就能充分吸收杏仁的油分，而不會產生多餘的油分。

主廚認為「馬卡龍和餡料具有一體感，才能相互襯托風味」，因此該店所有口味的餡料，都是在自製杏仁膏和奶油混合的「基本奶油醬」中，再混入水果泥、果醬、抹茶或咖啡粉末。使用基本奶油醬，再加入更濃郁、多層次的味道，以這種方法完成的餡料，即使冷藏也不會變硬，恢復常溫後也不會變得稀軟。

該店在2009年秋天推出的新產品「無花果黑醋栗馬卡龍」，其中夾入同名的果醬，推出後深受顧客歡迎，主廚當初是以該果醬為訴求設計而成。無花果黑醋栗果醬中，無花果和黑醋栗採取5：1的比例混合，再以QBO150調理機加熱，然後將它和基本奶油醬混合後製成餡料，完美地調和濃厚的奶油醬和黑醋栗的酸味。主廚表示馬卡龍應呈現原有的濕潤和柔軟感，因此烘烤馬卡龍時，要費心烤得比最佳狀態再乾一點，這樣加上餡料的水分，才能呈現恰到好處的濕潤度，呈現馬卡龍原有的柔軟度。該店的馬卡龍特色是，馬卡龍甜度和餡料濃度都很充分，但是吃起來一點也不會太濃膩，味道層次分明、濃淡恰到好處。

馬卡龍商品簡介

巧克力　189日圓

其中夾入巧克力醬和基本奶油醬混合成奶油餡。

覆盆子　189日圓

夾入覆盆子醬和基本奶油醬混合成的餡料。

香橙　189日圓

夾入柳橙果醬和基本奶油醬混合成的奶油餡。

咖啡　189日圓

麵糊和基本奶油醬中，都加入咖啡粉增添風味。

綜合水果　189日圓

以3種夏季水果醬和基本奶油醬混合成奶油餡。

開心果　189日圓

馬卡龍中夾入開心果醬和基本奶油醬混合成的奶油餡。

野薔薇：紅色馬卡龍×基本奶油醬和野薔薇醬混合成的奶油餡。
紫蘿蘭：紫色馬卡龍×基本奶油醬和黑醋栗醬和董花精混合成的奶油餡。
可樂：褐色馬卡龍×基本奶油醬混入用可樂熬過的蔓越莓醬
抹茶：抹茶風味馬卡龍×混合抹茶的奶油醬

馬卡龍和巧克力及糖果並列在陳列櫃中，五彩繽紛的色彩，十分引人注目，與誘人的烘烤甜點相比，這樣陳列方式讓樸素的甜點也能引起顧客的注意。

1

使用自製的杏仁糖粉

這是將杏仁和白砂糖攪碎製成的杏仁糖粉。優點是可隨各人喜好，調整理想的味道、香氣和粉末粗細度。

2

充分攪打發泡成蛋白霜

在蛋白中加入檸檬酸、乾燥蛋白*和食用色素，攪打到即使舀取滴落後，也不會和盆中的蛋白霜混合的發泡程度。

*乾燥蛋白：將蛋白乾燥製成的粉末，可幫助蛋白較易打發且不易消泡。

3

以2種杏仁粉製作杏仁膏

將加州產和西西里島產的杏仁，以1：1的比例混合，加入砂糖和水，放入QBO150食物調理機中攪打而成。

4

和奶油混合製成基本奶油醬

細滑的杏仁膏散發無比的芳香，將它與等量的奶油混合製成基本奶油醬。

MACARON

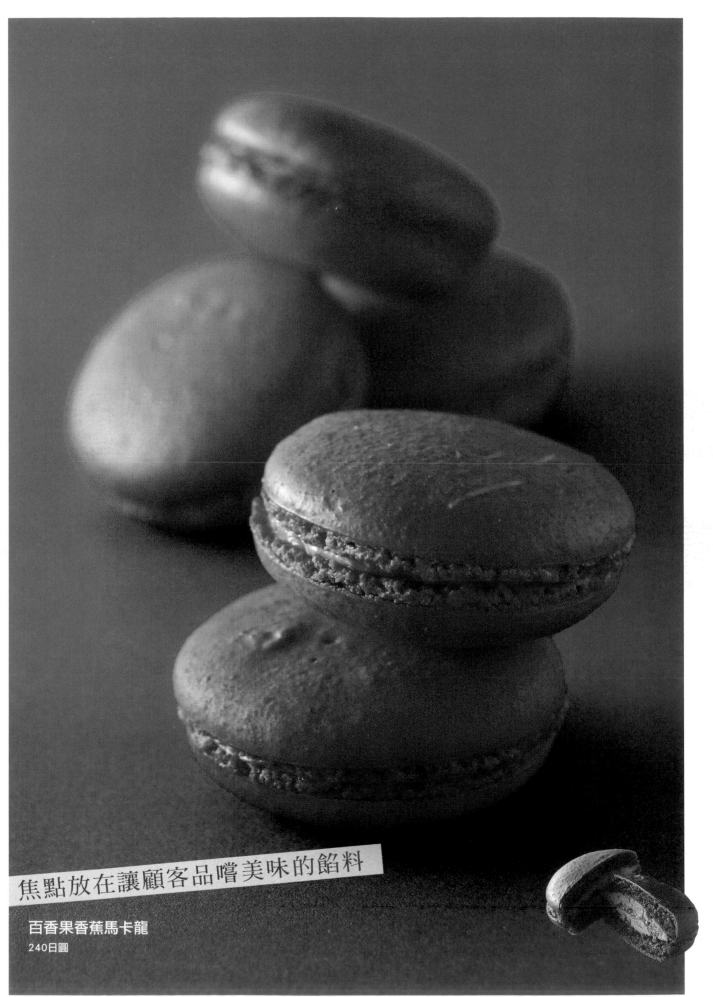

焦點放在讓顧客品嚐美味的餡料

百香果香蕉馬卡龍
240日圓

● 作法在第98頁

PÂTISSERIE Acacier

パティスリー　アカシエ

興野燈　店主兼糕點主廚

「PÂTISSERIE Acacier」甜點店的馬卡龍，特色是呈直徑5.5cm的圓形、裡面夾入大量的餡料，口感非常鬆綿有味。興野燈主廚製作的馬卡龍，完整呈現出正統法國甜點的原味，那是他在法國吃到馬卡龍時曾經深受感動的美味。主廚認為分量大也是法國甜點吸引人的魅力之一，因此以馬卡龍為主的該店甜點，全都是大分量，為了不讓顧客感到甜膩，對於如何活用酸味、苦味，以及口感上要加入何種變化等，主廚花了相當大的工夫不斷調整。

馬卡龍的麵糊是單純由杏仁、砂糖和蛋白霜所組成，改變這個基本的配方，製作不出正統的馬卡龍，所以每家店的麵糊其實都大同小異。「正因為如此，我覺得馬卡龍的重點要放在讓顧客吃到美味的餡料」興野燈主廚說道。馬卡龍表面有泛光的薄膜、口感酥鬆，裡面口感細綿、入口即化，這樣才能突顯出餡料的美味。

如果杏仁粉滲出太多的油脂，馬卡龍表面就很難形成薄膜，所以平時使用的乾燥杏仁粉，會隨不同的季節改變比例來混合。

關於蛋白霜，主廚是選用味道不會太甜、完成後的馬卡龍口感鬆軟、溶口性佳的法式蛋白霜。主廚說「烘烤甜點敬而遠之的奇特色彩和味道組合，在馬卡龍上卻行得通」，例如「巧克力薄荷馬卡龍」，組合了薄荷綠和巧克力色的馬卡龍，獲得顧客一致好評，認為它口味新穎又有豪華感。

作為主角的餡料，不單只有奶油醬和巧克力醬，為了讓顧客享受多層次的風味與多樣化的口感，主廚在餡料中還組合果醬、蜜漬水果和香煎水果等。這次介紹的「百香果香蕉馬卡龍」，就是組合百香果奶油餡和香煎香蕉。奶油的風味調和了百香果特有的酸味，使其更柔和，香蕉的甜味與芳香也因此成為恰到好處的重點風味。

2007年開業時，主廚將馬卡龍設定為招牌商品，而今如他所願，「只要提到Acacier，顧客就想到馬卡龍」，使該店成為馬卡龍人氣名店，每天平均熱銷150～200個，而且數量還在繼續成長。

馬卡龍商品簡介

鹹味焦糖
240日圓

焦糖色馬卡龍組合鹹味焦糖巧克力醬。

巧克力可可
240日圓

可可風味馬卡龍組合苦味巧克力醬，讓人充分享受巧克力的美味。

開心果櫻桃
240日圓

綠色馬卡龍中，擠入開心果奶油醬，再夾入酸櫻桃。

覆盆子
240日圓

桃紅色馬卡龍中，夾入覆盆子奶油醬和果醬。

生薑萊姆：黃色和綠色馬卡龍各1片×萊姆奶油醬和生薑果醬。
可可鳳梨：加入椰子粉的馬卡龍×鳳梨奶油醬和果醬。
藍莓薰衣草：紫色馬卡龍×薰衣草風味的巧克力醬和藍莓果醬
安朵娜特（Antoinette）：桃紅色馬卡龍×塗上玫瑰果醬，夾入醋栗奶油醬

該店有5個和10個裝的透明塑膠盒包裝盒。事先包裝的綜合口味馬卡龍，可解決選購的困擾，深受男性顧客歡迎。招牌口味是柳橙馬卡龍，季節商品會繫上白色緞帶。

甜點櫃中透過濕度控管，以確保甜點品質，不過為了讓櫃中有各種色彩，會排滿實物的樣本，它是依據訂單預先製作的。

1

使用2種杏仁粉
以調整油分

杏仁粉是將一般的和乾燥的杏仁粉一起混合，能製作出表面有薄膜的馬卡龍。

2

蛋白霜攪打成
即使上舉也不動的狀態

製作的重點是要徹底打發蛋白霜。使用鋼絲較多的攪拌器，以最高速來攪打。

3

用大鋼盆
迅速混合

使用大鋼盆，較方便杏仁糖粉和蛋白霜的混拌作業，用刮板如同壓碎氣泡般來迅速混拌。

4

用光澤和柔軟度
來判斷麵糊的狀態

麵糊在調整氣泡後，會泛出光澤，舀起來流下時，也會變得如絲綢滑落一般，最好會殘留痕跡。

※步驟圖是「覆盆子馬卡龍」。

強調奶油餡味道和香味，與馬卡龍保持平衡

● 作法在第99頁

Dœux Sucre
ドゥー・シュークル

佐藤均　店主兼糕點主廚

佐藤均主廚認為一家以販售法國甜點為主的店，馬卡龍應該是必備的商品，所以該店從5年前開始推出馬卡龍。近3～4年來，掀起一股馬卡龍熱潮，其知名度大增，該店馬卡龍的銷售也隨之持續成長。

主廚認為馬卡龍在製作上有2項重點，一是馬卡龍與奶油餡的口感要貼近，二是砂糖多的配方馬卡龍較甜，所以奶油餡要有較強的酸味和苦味，才能取得平衡。

該店的麵糊經過充分的烘烤後，表面薄膜的口感細滑、酥鬆，而裡面除了鬆綿外，還具有濕潤感。烘烤時，主廚會在烤盤上鋪上德國布蘭諾（Branopac）公司的「布蘭諾烤焙紙」。這種紙的單面做過矽加工處理，比矽利康墊更易傳熱，因此主廚能夠如願地烤出重烘焙的馬卡龍。

麵糊染色的原料，「巧克力馬卡龍」是用可可粉、「抹茶馬卡龍」是用抹茶，除此之外都採用食用色素，該店主要顧客群都是當地的家庭，為了讓他們無法抗拒馬卡龍的魅力，主廚讓它呈

現柔和的淡彩色。

主廚會配合不同的口味，分別使用果醬、巧克力醬和奶油醬。在奶油醬和果醬中，他會混入能增加風味的生杏仁膏，來調整硬度和風味，這樣即使冷藏餡料也不會變得太硬，放在室溫中回軟後也不會變得稀軟。為了餡料和馬卡龍保持平衡，以及外觀給人的印象，佐藤式馬卡龍擠入的奶油餡分量絕不會溢出。

完成階段最重要的是，馬卡龍夾入奶油餡後，一定要放入冰箱急速冷凍。透過這個步驟能使馬卡龍凝縮，鎖住杏仁的風味，使味道和口感都更加美好。

主廚本身最喜歡焦糖馬卡龍。其中的奶油餡是用煮沸的鮮奶油，和熬煮到165℃的砂糖類混合，再加入味道濃郁義大利產蜂蜜，使風味更深厚、有層次。有效運用鹹味的「鹹味焦糖馬卡龍」，則加入富含礦物質、味道圓潤的法國「給宏德」產的鹽，吃完後口中留下的淡淡鹹味，令人印象深刻。

馬卡龍商品簡介

木莓　157日圓
使用覆盆子和混入生杏仁膏的奶油餡。

抹茶　157日圓
抹茶風味的馬卡龍組合混合生杏仁膏的抹茶奶油餡。

杏桃　157日圓
使用加入杏桃末的白巧克力醬。

柚子　157日圓
其中夾入加了生杏仁膏的柚子奶油餡。

巧克力　157日圓
可可風味馬卡龍和65％的苦味巧克力醬的組合。

**在杏仁糖粉中加入
1/3量的蛋白霜混合**
在杏仁糖粉中加入1/3量充分打發的義式蛋白霜，以打蛋器充分混勻，直到完全沒有粉末顆粒。

**加入全部的蛋白霜
充分混拌均勻**
在步驟1整體已混成一體後，分3～4次加入義式蛋白霜，混合均勻。

**用刮板一面攪拌
一面混合來調整氣泡**
改用刮板，一面混合，一面壓碎調整氣泡。不要混合不均，整體都必須混合成相同的硬度。

**完美壓拌混合麵糊
才能做出美味的馬卡龍**
壓拌混合麵糊的作業完成後，此刻麵糊會泛出光澤，上舉時，麵糊會如綢緞般滑順的流下。

甜點櫃內是配合甜點來調整濕度，因此馬卡龍容易受潮，也容易吸收水果或其他甜點的香味，為避免這些情況，該店以塑膠分別包裝，五顏六色的放在籃中陳列。

該店採用可裝6種口味的馬卡龍專用紙盒，上面的塑膠透明設計，能讓顧客看到裡面並排的馬卡龍。駝黃的底色上，有白和褐色的圓形圖樣，使整體散發高雅的氣氛，顧客可以挑選自己喜歡的口味包裝成盒。

經典馬卡龍
220日圓

多種素材組合成餡料，以呈現獨特性

經典馬卡龍
220日圓

● 作法在第100頁

D'eux Pâtisserie-Café

ドゥー・パティスリー・カフェ

菅又亮輔　糕點主廚

　　菅又亮輔主廚在新潟縣的西點店學習基本的甜點製作後，曾前往法國各地繼續深造，回國後在「Pierre Herme Salon de The」甜點店擔任副主廚一職。主廚善於運用日式食材製成新穎的甜點，並推出餡料風味獨特的馬卡龍，使得「Pierre Herme」甜點店蔚為話題。主廚高明的技術受到顧客認同後，「D'eux Pâtisserie-Café」甜點店的主要客源，仍然是以馬卡龍為目標的甜點迷。

　　菅又主廚表示，專業受到認同是很令人欣慰的事。我希望多介紹一些法國各地所學的地方傳統甜點的魅力，另外我還想在需要組合多種元素才能完成的小糕點上多花心思，不過對於製作馬卡龍，主廚多一份用心，他表示「我希望能製作出讓顧客更驚訝與感動的馬卡龍，讓吃的人感受到果然還是菅又的馬卡龍較美味」，主廚存在這種格外的用心。

　　該店馬卡龍的特色是平均約直徑3.5～4cm的大小，餡料非常豐厚。主廚希望讓顧客享受微妙的味道組合和口感，他不只用奶油醬，裡面一定還會組合蜜漬水果、果醬、乾果和巧克力片等。

　　主廚製作馬卡龍時，以製作烘烤甜點的感覺，讓它化身為小蛋糕，目前他最喜歡的口味是「經典馬卡龍（habile）」，「habile」在法語中具有「精巧」、「卓越」的意思。它的特色是牛奶巧克力醬中組合香蕉和鹹巧克力片，吃完後讓人感受到恰到好處的鹹味餘韻。

　　以「經典馬卡龍」為首的基本10種口味中，主廚還會加入其他口味，例如秋天有夾入楓糖奶油醬和蜜漬洋梨的「楓糖洋梨馬卡龍」等，四季各加入5種變化口味。

　　麵糊不要過度混合，讓馬卡龍表面殘留少許顆粒感，這樣咬下去才能感到非常鬆脆，裡面部分也能和濕潤的奶油餡完美融合。蕾絲裙部分從正上方來看，很難找出有烤壞的地方，看起來非常優雅，這是我經過不斷嘗試改良，例如麵糊的攪拌法或烘烤溫度等，才能烤出這麼恰到好處的蕾絲裙，因為我一次要製作400個，為了不讓大小和狀態有差異，作業過程中，尤其是擠製麵糊時，身體的每個動作都要小心保持一致。

馬卡龍商品簡介

巧克力　220日圓
可可風味馬卡龍中，夾入苦味巧克力醬和堅果醬。

開心果　220日圓
夾入開心果奶油醬和櫻桃果醬。

蘋果果仁醬　220日圓
夾入堅果奶油醬和蜜漬蘋果。

焦糖　220日圓
夾入焦糖奶油醬和以焦糖醬汁來增加香味。

綜合莓類　220日圓
以3種莓類水果奶油醬和果醬來呈現水果的風味。

葡萄乾柳橙：橘色馬卡龍×柳橙奶油醬和以橙香利口酒（柑橘酒「Mandarine Napoleon」醃漬的葡萄乾和柳橙
茶：奶茶色馬卡龍×加入鮮奶泡出的紅茶液的牛奶巧克力醬
檸檬：黃色馬卡龍×檸檬奶油醬和檸檬蜜餞
百香果：完成時撒上可可粉的深黃色馬卡龍×百香果泥和牛奶巧克力醬
覆盆子：深桃紅色馬卡龍×混合杏仁的奶油醬和覆盆子果醬
可可：不染色的馬卡龍×椰子鮮奶油中加入百香果和柳橙果醬
紅桃：紅色馬卡龍×杏仁奶油醬和紅桃果醬
可可荔枝：不染色的馬卡龍×椰子鮮奶油中加入荔枝果凍和果肉
芒果覆盆子：黃色馬卡龍×芒果奶油醬和覆盆子果醬
番石榴：桃紅色馬卡龍×杏仁奶油醬和蜜漬番石榴
葡萄柚：一部分染成桃紅色的黃色馬卡龍×葡萄柚奶油醬和葡萄柚醬
栗子：淺褐色馬卡龍×栗子奶油醬和以鹽和胡椒炒過的栗子

圖片中自左而右整齊排成列的是，該店平時販售的基本10種口味，以及根據不同季節，所加入的5種限定版口味。為了吸引顧客的注意，針對奶油餡特色，在前方的塑膠牌中有簡短的文字介紹，更詳細內容店員會加以說明。

這款上面有圓形孔洞，以展現馬卡龍的獨特包裝盒，讓人聯想到女性用的化妝盒，精緻的設計深獲好評。該店備有5個和10個裝的包裝盒。

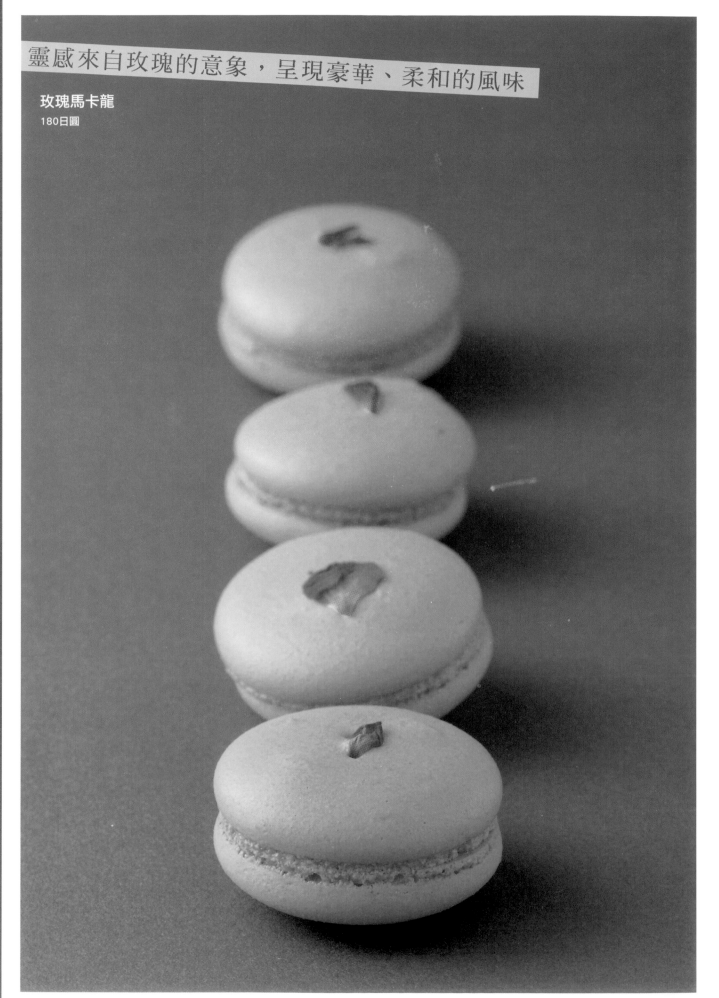

靈感來自玫瑰的意象，呈現豪華、柔和的風味

玫瑰馬卡龍
180日圓

靈感來自玫瑰的意象，呈現豪華、柔和的風味

● 作法在第101頁

chez NOGUCHI

シェ ノグチ

野口 守　主廚

「若是作為贈禮，哪種甜點、何種口味會最受歡迎」野口守主廚思考道。最初他在思索如何開發出適合節慶日、作為贈禮，及獎勵自己的商品時，他回想起過去曾拜訪的一家玫瑰園，他在禮品區曾看過以玫瑰製成的各式商品。他想要使用芳香的食用玫瑰和玫瑰精等來製作甜點，而這麼溫暖的創意又要能作為禮物，這樣的形象恰好與馬卡龍不謀而合，因此他開發出「玫瑰馬卡龍」。

具有清爽的甜味，如同香水般豪華餘韻的該商品，目前是「chez NOGUCHI」甜點店的招牌人氣甜點之一，造訪該店的顧客許多是沖著馬卡龍而來，每天自遠方來的訂單平均約有50個，到了情人節、聖誕節等節慶日時，一天平均可熱銷100個。

這款馬卡龍的味道和口感，是從玫瑰花的意象所發想出來的。特色是杏仁馬卡龍表面薄膜鬆脆，裡面濕潤柔軟，裡、外對比的口感，呈現最精彩的美味。「從玫瑰形象所衍生的部分，不只是酥鬆的粗獷口感，還有溫和、柔軟的口感與香味」野口主廚說道。因此主廚採取能表現柔軟口感的義式蛋白霜的作法，義式蛋白霜中通常使用較多的糖分，能完成更加柔軟的口感。此外，玫瑰可愛的形象，讓主廚聯想到可在杏仁糖粉中使用細磨的杏仁粉，以便讓平滑的表面泛出光澤。為了增加外觀部分的享用趣味，主廚在馬卡龍中央放上玫瑰花瓣，使其更醒目，為保持花瓣與表面積的平衡，最美的馬卡龍直徑大小約4cm。

目前，該店推出2種招牌馬卡龍。因為甜點櫃太小，缺乏陳列空間，因此該店大致上只製作2種口味，一種是具女性感、華麗的「玫瑰馬卡龍」，以及使用粗磨杏仁粉，表面略有顆粒，夾入苦味巧克力醬，較具男性感的「巧克力馬卡龍」。此外，春季時還有「櫻花馬卡龍」和「咖啡馬卡龍」，夏季時推出「芒果馬卡龍」等季節限定商品，讓甜點迷在各季節都能享用不同口味的馬卡龍。

MACARON

馬卡龍商品簡介

巧克力馬卡龍　200日圓
苦味巧克力醬中，加入略苦的可可粉，屬於成人的風味。

芒果馬卡龍：黃色馬卡龍×芒果醬和芒果利口酒
櫻花馬卡龍：櫻花醬和使用櫻花花瓣和櫻花利口酒的櫻花餡料
咖啡馬卡龍：馬卡龍和餡料中，都使用自製的咖啡精

以市售的包裝盒盛裝，再以富玫瑰感的粉紅色緞帶繫綁。從貼有玻璃紙的圓洞中，可以窺見鮮麗可愛、好似桃紅花瓣般的馬卡龍。裡面的馬卡龍事先有各別包裝。

甜點櫃因空間不足，春季經常推出2種招牌口味：「玫瑰馬卡龍」和「櫻花馬卡龍」。甜點櫃中雖然可避免甜點變乾，可是該店仍會以玻璃紙每個分開包裝。

47

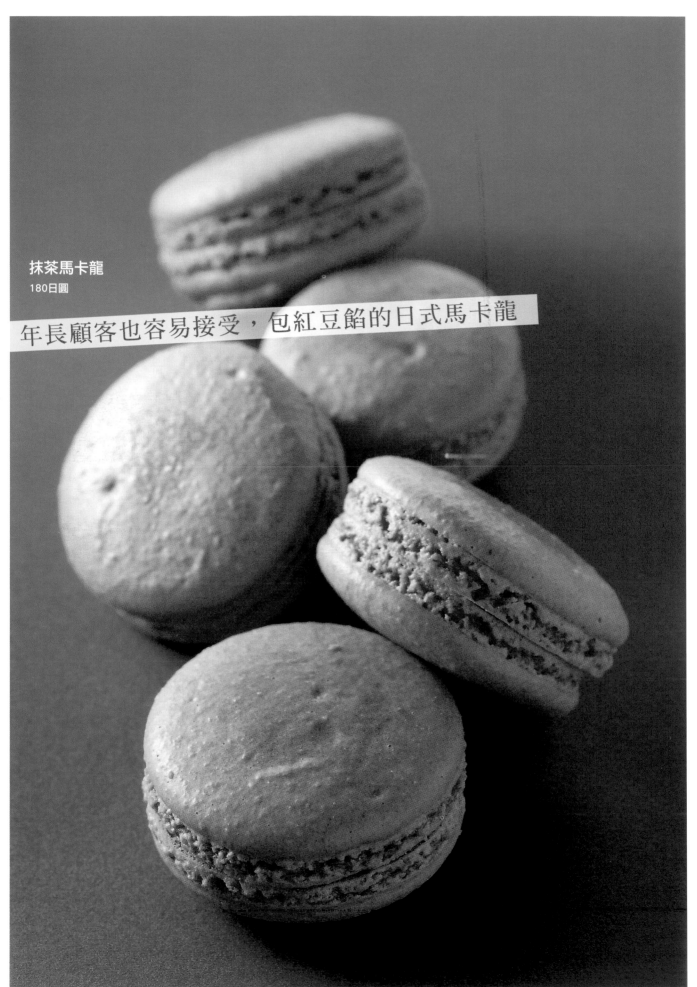

抹茶馬卡龍
180日圓

年長顧客也容易接受，包紅豆餡的日式馬卡龍

● 作法在第102頁

Pâtisserie KOTOBUKI

パティスリー　コトブキ

上村 希　主廚

位於京成立石車站附近商店街的「Pâtisserie KOTOBUKI」甜點店，自1972年開幕以來，一直是以在地客為主客源的老字號甜點店。目前管店的上村希主廚已是第二代，當他推出馬卡龍時，將目標定在「任何人都愛吃的美味」。

「我們這裡是所謂的舊市區，經常來店裡的客人，多數是長期住在這地區的居民。因此，我想馬卡龍的口味，不只能讓年輕人喜愛，也要能讓老年人接受，我希望所有人都能愉快享用。」上村主廚如此表示。

主廚將製作的重點，放在馬卡龍表面酥鬆的口感、整體的分量感，以及中間所夾的「奶油醬」。

「提起過去的大型裝飾蛋糕，立刻讓人聯想到奶油醬，我們店裡目前，仍有一些蛋糕使用奶油醬。不只如此，它也是顧客熟悉的味道。因此，我店中的馬卡龍，幾乎不使用巧克力醬或果醬，而是夾入奶油醬」上村主廚說道。

以口感極酥鬆的馬卡龍，夾入大量顧客熟悉的奶油醬。像這種大家都能輕鬆享用、大分量的馬卡龍，目前該店共提供9種口味。

其中「抹茶馬卡龍」，對年長顧客來說依然是人氣商品。它是以混入抹茶的馬卡龍，包夾混有紅豆餡的奶油醬，是能讓人聯想到和菓子的個性化馬卡龍。

主廚希望作業不要太複雜，麵糊採用法式蛋白霜製作。先徹底打發蛋白霜，進行壓拌混合麵糊時不要壓碎氣泡，只要像混合一般來進行，這樣就能烤出漂亮膨脹的馬卡龍。

另外，主廚將奶油醬和紅豆餡充分攪打發泡，製成柔軟、細滑的「奶油餡」。為了從外觀上不要看到餡料，他用手指將馬卡龍中央壓凹，再擠入足量的奶油餡，當顧客咬下的瞬間，對裡面包入這麼多的餡料無一不感到驚奇。

「奶油醬的甜味濃厚，混入紅豆餡後，吃起來口味會變得較清爽。只用紅豆餡泥口中容易殘留甜味，為呈現最佳的口感，製作的重點是要使用有豆粒的紅豆餡」上村主廚說道。

馬卡龍商品簡介

咖啡
180日圓
咖啡馬卡龍，組合加入Trablit公司塵咖啡的咖啡奶油醬。

黑醋栗
180日圓
用紫色馬卡龍，夾入黑醋栗風味的奶油醬。

巧克力
180日圓
用巧克力馬卡龍，夾入混有巧克力的奶油醬。

百香果巧克力
180日圓
用黃色馬卡龍，夾入百香果和牛奶巧克力的奶油醬。

覆盆子：桃紅色馬卡龍×覆盆子果醬和奶油醬
香草：香草馬卡龍×香草奶油醬
柳橙：橙香馬卡龍×加入柑曼怡橙酒（Grand Marnier）和柳橙香精的奶油醬
開心果：黃綠色馬卡龍×開心果奶油醬

該店的馬卡龍種類逐漸增加，目前共有9種口味。每個馬卡龍都分開包裝，然後陳列在細長的陶器上，與蛋糕一樣，五彩繽紛的陳列在相同的甜點櫃中。另外也有準備2個裝（460日圓）～5個裝（1000日圓）的綜合口味包裝。

**抹茶和糖粉
一起過篩備用**

抹茶很容易結成顆粒，事先要和糖粉一起過篩，再混合杏仁粉一起過篩。

**充分攪打蛋白霜
讓它發泡變硬**

攪打蛋白霜時，需放入大量白砂糖，要充分攪打到舉起攪拌棒，蛋白霜不會滴落的程度。

**以混合的感覺來
攪拌混合麵糊**

不要用壓破氣泡的方式，而是用刮板從盆底向上舀取一樣來混合，這樣才能做出有分量感的馬卡龍。

**麵糊要乾燥到
表面形成一片膜**

在烤盤上擠入麵糊後，將烤盤底部敲擊工作台，使麵糊表面變平整，等表面充分變乾再進烤箱，才容易烤出蕾絲裙。

以奶油餡為主角，不多加裝飾的清爽口味

檸檬馬卡龍
160日圓

● 作法在第103頁

pâtisserie quai montebello

パティスリー ケ・モンテベロ

橋本 太 主廚

以販售法國甜點為經營方向的「quai montebello」甜點店，馬卡龍仍然以法國的風味與外觀來呈現。該店的橋本主廚在當地修業時，眼見法國人將馬卡龍當成日常食品，對此留下深刻印象，他說「通俗、平價是馬卡龍的優點，我希望顧客能把它當成糖果一樣輕鬆享用」，這也是他對馬卡龍的定位。為此，該店統一訂出1個160日圓的平價價格。此外，在陳列上，主廚希望能像法國那樣，讓顧客在成堆的馬卡龍中，直接挑選放入紙袋中輕鬆帶回家的感覺，「我不把它們漂亮的排成一列，而是多個隨興放在一起」主廚這麼表示，該店將15～20個左右的馬卡龍集合放在盒中，再陳列在甜點櫃裡。

在製作這樣的馬卡龍時，主廚重視的與其說是精緻的外觀，倒不如說是即使大量製作，也依然保有的穩定高品質。因此，主廚採用穩定性較高的義式蛋白霜來製作。

此外，在味道和口感方面，主廚希望能烤出蛋白霜和杏仁融為一體的馬卡龍，中間還擠入滿滿的奶油餡。主廚將擠入的10g～20g奶油餡視為主角，因此儘量使用不添加任何味道的原味麵糊，藉以突顯奶油餡的風味。以低溫慢慢烘烤，要烤到馬卡龍從側面來看充分隆起如盒子一般，上、下片的馬卡龍都要以手指壓出凹槽，在其中擠入奶油餡後再組合起來，採取這樣的作法，是主廚希望讓顧客滿足地吃到大量的奶油餡。

馬卡龍順理成章的成為該店的招牌商品，目前共有7種口味。法國甜點本身不可或缺的高甜度，能突顯覆盆子的酸味和抹茶的苦味等各素材的味道，這使得餡料與馬卡龍的甜度也取得平衡。橋本主廚表示「加入酸味或苦味等其他訴求重點，就能削弱人們對甜度原有的印象」。

橋本主廚過去在法國郊區研習時，曾經一天用24kg的杏仁粉來烘烤馬卡龍。目前他任職的甜點店雖位於住宅區，但主廚依然想傳遞法國那樣的日常文化，展現當地的「日常甜點」。

馬卡龍商品簡介

抹茶
160日圓
略苦的抹茶感覺能夠降低甜味。具有豐富的香味餘韻也是它的特色。

蘋果
160日圓
入口後，口中充滿以紅茶蜜煮過的蘋果的柔和甜味。

咖啡
160日圓
濃郁咖啡奶油餡的甜味和淡淡苦味之間的平衡，形成獨特的風味。

鹹味焦糖
160日圓
舌間能充分感受到鹽味，也更加突顯出焦糖的風味。

覆盆子
160日圓
讓人充分享受富酸味的覆盆子果醬。

巧克力柑橘：褐色馬卡龍×66%可可的巧克力醬和柑橘果醬

該店特別訂做的透明包裝盒，裡面的東西一目了然，目的是為了讓顧客感到安心。外面還以該店的色彩藍色緞帶繫綁，再用貼紙固定。碰到情人節特殊日子，會改用不同顏色的緞帶。

左圖是陳列在甜點櫃一角的馬卡龍。各種口味的馬卡龍並沒有漂亮的排成列，而是用透明的盒子盛裝，排放在陳列櫃裡。販售時店家會先各別裝在玻璃袋中，再和其他的蛋糕一起裝盒。

咖啡馬卡龍

2個裝　260日圓

嫩烘麵糊與芳醇巧克力醬調合成的一口大小馬卡龍

● 作法在第104頁

PASTICCERIA ISOO

パスティッチェリア　イソオ

磯尾直壽　店主兼糕點主廚

具有義大利和法國研習經驗的磯尾直壽主廚，在歐洲吃過許多口味的馬卡龍。有一次，他吃到當時任職於「Joel Robuchon」，擔任糕點主廚的成田一成先生的開心果馬卡龍，被它的美味深深感動，對馬卡龍的魅力也重新刮目相看。自此之後，磯尾主廚對於蛋白霜的打發法、壓拌混合麵糊的方法等，自己不斷的摸索、反覆的嘗試。

該店馬卡龍的特色是直徑小於3cm，和其他店的商品相比屬於小尺寸。3年前開幕之初就是這個大小，在這段期間裡，主廚數度想要改變大小，但許多顧客表示，這種大小「能夠輕鬆食用」、「能吃更多的口味」、「可愛」、「漂亮」等，基於這種種理由，才一直讓它維持現在的大小。過去，主廚偶爾還會變換奶油餡的風味，而如今，店中每天會固定推出6種較受歡迎的口味，這幾種幾乎也成為該店的招牌口味。

馬卡龍烤出後，表面要光滑、富光澤，毫無裂縫，裡面的口感鬆綿、濕潤。因此麵糊絕不可太硬，若混合過度，烤出來的馬卡龍會變形，所以要隨時留意將麵糊調整成最佳的硬度。此外，正確的烘烤，才能呈現酥鬆及特有的濕潤口感，為此主廚在烤盤上墊上2片矽膠烤盤墊，以便能烤得恰到好處。

主廚介紹的「咖啡馬卡龍」的麵糊中，加入義式咖啡粉以提升風味，同樣地，巧克力馬卡龍用可可粉來增加色彩和風味，它們都是藉由苦味來強化甜味，使馬卡龍更美味，所以比起用食用色素染色的馬卡龍，製作時要多加些砂糖。

從奶油餡的味道、香味和溶口性，能否與馬卡龍保持最佳平衡這點來看，主廚認為巧克力醬作為餡料最為美味，經過不斷嘗試和失敗，他找出了最佳的含水量。當顧客一口咬下，表面先酥裂成大塊，接著會感受到濕潤的馬卡龍與細滑、融化的巧克力醬融為一體的感覺，即使馬卡龍尺寸較小，也依然能讓人嚐到濃厚的味道，該店的馬卡龍因而獲得讓人高度滿足的好評。

該甜點店雖然位於六本木車站附近，然而稍微往店內一點，就擁有寧靜的環境，顧客群涵蓋各年齡層。購買馬卡龍的顧客大多是30多歲的女性，自己吃和作為贈禮各半。男性顧客幾乎都是買來作為贈禮用。

馬卡龍商品簡介

香草　2個260日圓
無染色馬卡龍中，夾入香草風味的白巧克力醬。

檸檬　2個260日圓
夾入檸檬和蛋黃奶油醬混合成的「檸檬醬」。

巧克力　2個260日圓
可可風味的馬卡龍中，夾入義大利Domori公司的巧克力製作巧克力醬。

開心果　2個260日圓
綠色馬卡龍中，夾入開心果風味的白巧克力醬。

木莓　2個260日圓
深桃紅色馬卡龍中，夾入木莓風味的牛奶巧克力醬。

這是該店開幕時製作的馬卡龍專用禮盒，顏色採用店的代表色深藍色，再以印有商標的橘色緞帶繫綁。為避免馬卡龍晃動，裡面設計有隔間，每個馬卡龍可分別置放在隔間中，一盒12個裝共2100日圓。

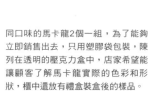

同口味的馬卡龍2個一組，為了能夠立即銷售出去，只用塑膠袋包裝，陳列在透明的壓克力盒中，店家希望能讓顧客了解馬卡龍實際的色彩和形狀，櫃中還放有禮盒裝盒後的樣品。

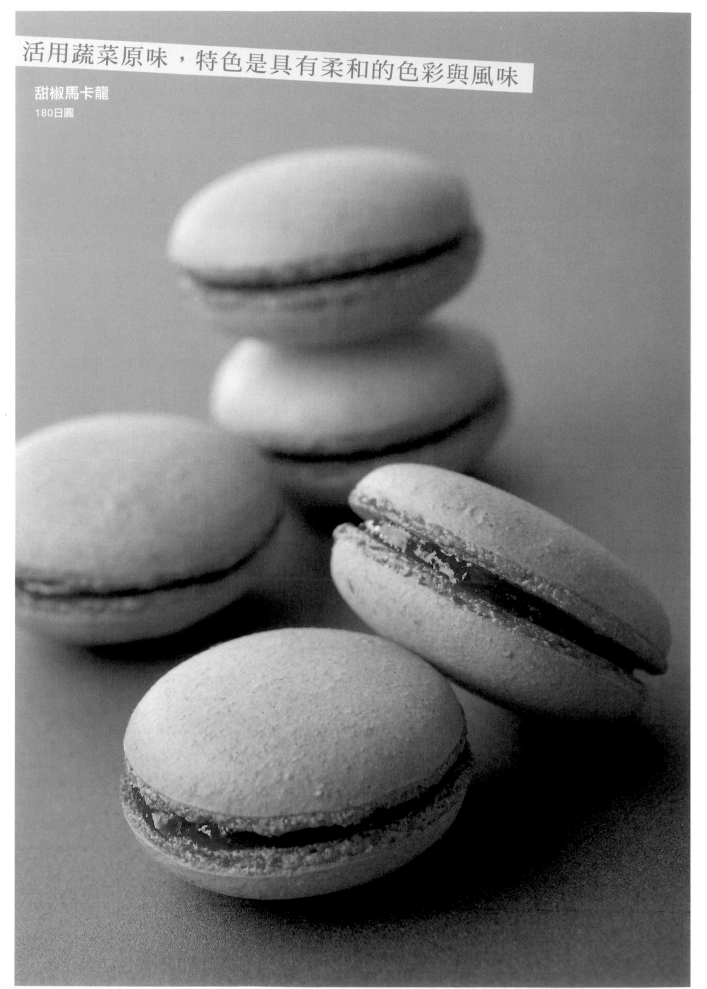

活用蔬菜原味，特色是具有柔和的色彩與風味

甜椒馬卡龍
180日圓

● 作法在第105頁

Le Cœur Pur

ル・クール・ピュー

鈴木芳男 店主兼主廚

「Le Cœur Pur」甜點店以蔬菜為主角，意圖追求蔬菜甜點的新感覺。該店提供大多以無添加、無染色的蔬菜製作的甜點，深受關心健康的女性們的矚目。

目前為該店擔任店主兼主廚鈴木芳男先生，曾在法國各地學習料理和甜點製作，也曾在東京都著名飯店擔任總主廚，他表示「『美味的東西』大多不是『有益身體的東西』。於是，我想利用食材組合和技術等來讓它們融合，活用對健康有益的食材原味來製作甜點，這是蔬菜甜點最初的構想」。

鈴木主廚關心的重點，不管是甜點、料理或麵包，都活用新鮮的食材來製作。

「製作料理時，若是用新鮮、優質的食材，我希望能活用食材它原有的味道和香味。我覺得這時完全不必添加食材之外的東西，也不必加入任何化學添加物」。

「甜椒馬卡龍（蔬菜馬卡龍）」就是基於這樣的想法所研發出的甜點。提起馬卡龍，一般對它的認知是色彩鮮麗的甜點，鈴木主廚考慮活用蔬菜的原味，而不拘泥於色彩上的表現。鈴木主廚表示「在馬卡龍中使用食用色素是很正常的，然而在料理的世界裡，近來廚師也很少用食用色素。以馬卡龍來說，有食材的顏色不是已經夠了嗎？」。例如，這個「甜椒馬卡龍」，主廚就是在馬卡龍麵糊和餡料中，加入熬煮過的紅椒泥。此外該店還使用菠菜、紅蕪菁、胡蘿蔔等蔬菜的顏色，製成各種口味的馬卡龍。這堪稱是絕無僅有的劃時代新作法，在追求健康、食品安全性的現代，蔬菜馬卡龍柔和、清淡的色調，主廚認為必然會受到大眾的矚目。

主廚不只在餡料中，連馬卡龍麵糊中也使用蔬菜等食材，製作上與其說注重口感，主廚還要更重視各食材味道的調和。主廚使用蔬菜的重點，並非想讓它取代水果，而是把它視為主角來開發。近來，主廚更進一步，開始用綠橄欖、巴薩米克醋、生薑等作為重點風味，繼續研發製作對身體有益的美味馬卡龍。

馬卡龍商品簡介

胡蘿蔔
180日圓

在胡蘿蔔馬卡龍中，夾入胡蘿蔔和柳橙餡料。

菠菜
180日圓

在使用菠菜泥的馬卡龍中，夾入鹹味焦糖。

紅蕪菁
180日圓

紅蕪菁馬卡龍中，夾入紅蕪菁、大黃和巴薩米克醋的餡料。

南瓜栗子
180日圓

南瓜馬卡龍中，夾入南瓜、栗子、生薑等餡料。

綜合口味的馬卡龍有2種包裝。右側是黑色的壽司用盒，該店拿來當作馬卡龍用盒。主廚主要是搭配，以「法國人眼中的亞洲」為概念而設計的店內裝潢。8個裝售1500日圓。左側的3個裝售600日圓。

蔬菜馬卡龍陳列在大甜點櫃中，最靠近出入口位置的最下層。粉淡、柔和的色調，深深吸引顧客的目光。

葡萄夾心馬卡龍
180日圓

裡面夾入大量以焦糖熬煮的蘭姆葡萄乾

●作法在第106頁

Pâtisserie Chocolaterie Ma Prière

猿館英明　店主兼主廚

共推出10種馬卡龍的「Ma Prière」甜點店，其中「葡萄夾心馬卡龍」充分展現該店獨特的創意。猿館主廚以馬卡龍取代餅乾，完成了「馬卡龍版的葡萄夾心餅乾」。

主廚希望能夠呈現自己喜歡的馬卡龍口感。他表示「馬卡龍裡面的口感要很濕潤，外面當然要很酥鬆」。

猿館主廚認為馬卡龍的作用是「突顯奶油餡的風味」。他主張以奶油餡來表現不同的風味，以馬卡龍來呈現口感和色彩。兩者的作用非常明確，據說主廚製作馬卡龍時，會隨時注意奶油餡能否更美味，以及馬卡龍的口感和色彩，能否更加突顯奶油餡的味道。

「葡萄夾心馬卡龍」中，夾入攪打發泡的輕柔奶油餡，裡面還加入以蘭姆酒醃漬的葡萄乾。葡萄乾以蘭姆酒醃漬前，曾用焦糖漿煮軟，這項費工的作業，能讓它產生獨特的甜味，同時也更利於保存。

一個馬卡龍裡約有4～5粒葡萄乾，這樣就能充分享受到葡萄乾濃郁的美味。包裝時，為避免葡萄乾滲出的蘭姆酒弄髒包裝袋，主廚只在馬卡龍的中央小心的夾入葡萄乾。顧客從外觀上看不到葡萄乾，一咬下去才會發現藏有許多葡萄乾，這也成為享用時的一項趣味。

馬卡龍就是這樣來突顯葡萄乾和奶油醬的風味，為了更有效運用揮葡萄乾和奶油醬的味道和香味，馬卡龍麵糊中不加入任何色素和香料，只使用單純的原味。主廚採用義式蛋白霜製作，因此蛋白霜具有穩定又富彈性的氣泡。另外，主廚不只用被廣泛使用的加州產杏仁粉，還加入富風味的西班牙產杏仁粉，以等比例混合，來保持馬卡龍的味道和香味的平衡。

「葡萄夾心馬卡龍」以外的麵糊，全部以同樣的蛋白霜和杏仁粉製作。不過，因為「葡萄乾夾心」是白色麵糊，所以烘烤前主廚還撒上皇家脆片，使外觀看起來更有特色。

這樣製作出的「葡萄夾心馬卡龍」，比用餅乾製作的葡萄夾心餅乾口感更輕柔，馬卡龍將裡面的葡萄乾和奶油餡的美味完美的襯托出來，使它成為該店的人氣甜點之一。

馬卡龍商品簡介

血橙
180日圓

以橙色馬卡龍，夾入血橙（blood orange）奶油醬。

開心果
180日圓

以綠色馬卡龍，夾入開心果白巧克力醬。

柑曼怡橙酒
（牛奶巧克力）180日圓

以可可和可可粉製的馬卡龍，夾入柑曼怡橙酒風味的牛奶巧克力醬。

紅茶：紅茶馬卡龍×紅茶果醬
巧克力：可可和可可粉製的馬卡龍×70%可可的巧克力醬
焦糖：焦糖風味馬卡龍×鹹味焦糖奶油醬
檸檬：黃色馬卡龍×檸檬奶油醬
香草：香草風味馬卡龍×香草白巧克力醬
草莓：紅馬卡龍×草莓白巧克力醬

該店的包裝盒以銀色為基調，設計上能讓顧客欣賞到馬卡龍美麗的色彩。10個裝售2050日圓。以同款盒子5個裝售1100日圓。另外它還兼做巧克力的包裝盒。

起司馬卡龍
260日圓

充分發揮杏仁味道與香味的馬卡龍

● 作法在第107頁

Pâtisserie Caterina

パティスリー カテリーナ

播田修 糕點主廚

「香味能影響口感，要保留多少食材的香味，是非常重要的問題」播田修主廚如此表示，他希望店內的所有商品，都是「有香味的甜點」。

為了儘量活用馬卡龍的主材料杏仁的香味，主廚不過濾杏仁粉。他表示杏仁粉一旦以篩網過濾，通過網目時，杏仁粉的表面會受到損傷，這樣難得的香味就會散失。他使用加州產的細磨杏仁粉，和Marcona種的粗磨杏仁粉，以等比例混合，Marcona種要和白砂糖一起用食物調理機先攪打，在它變細的同時，杏仁的香味會充分滲入砂糖中。使用白砂糖的馬卡龍，也比用糖粉的口感更酥鬆。

主廚表示砂糖再結晶表面形成的膜，若沒達到某種厚度，吃起來不會酥鬆，麵糊要黏稠才能突顯出甜味。混合杏仁和蛋白霜時，用刮板如同調整麵糊的密度（氣泡）般來混合，再以不同溫度的烤箱各烤約5分鐘，這樣才能烤出有適當厚度的表膜，一咬碎裂、口感鬆綿的馬卡龍。再加上奶油醬的黏稠口感，顧客在品嚐時，3種口感達到完美調和，就能更突顯美味。

關於奶油餡部分，主廚會在橙香巧克力醬中加入燙過切碎的羅勒，也會使用放入茉莉花煮沸讓香味釋入其中的檸檬汁等，隨處可見主廚對表現香味的用心。

「起司馬卡龍」中所夾的巧克力醬，是在甜度低的白巧克力中，混入酸味圓潤、濃郁的奶油乳酪，加入發酵奶油更加提升起司的風味，特色是口感細滑、入口即化，而且餘韻無窮。

播田主廚具有在法國三星級餐廳「Le Meurice」負責盛盤點心工作的經歷，因此他特別堅持呈現剛出爐甜點的美味。他不預先製作馬卡龍擺著慢慢賣，賣光後若有顧客預訂，才會製作新的販售。主廚這樣的態度與善用香味所呈現的獨特美味，博得大眾的認可，未來主廚還會陸續推出的葉子派、泡芙和瑞士捲等引以為傲的主力商品。

馬卡龍商品簡介

橘子羅勒
250日圓

在外型美麗的馬卡龍中，夾入混合羅勒的橘子巧克力醬。

檸檬茉莉
250日圓

馬卡龍散發茉莉香，夾入檸檬奶油醬。

覆盆子
240日圓

桃紅色馬卡龍中，夾入覆盆子奶油醬。

薄荷葡萄柚
260日圓

在綠、橙色的馬卡龍中，夾入薄荷巧克力醬和葡萄柚醬。

巧克力
270日圓

撒有碎可可的可可風味馬卡龍中，夾入苦味巧克力醬。

香草
260日圓

加入香草的無染色馬卡龍中，夾入香草巧克力醬。

百香果：用噴槍噴上黃色的白色馬卡龍×百香果奶油醬
焦糖芝麻：散放黑、白芝麻的焦糖馬卡龍×加入2色芝麻的焦糖巧克力醬
開心果：表面裝飾開心果片的綠馬卡龍×開心果奶油醬

該店有適合作為輕鬆小禮的3個和5個包裝，馬卡龍是放在透明的塑膠盒中，另外，9個裝的是用該店的代表色橘色紙盒來盛裝，再以同色的包裝紙包裹，繫上金色緞帶，顯得相當高級。

在甜點櫃的最上層擺放瑞士捲，下一層放置馬卡龍。色彩豐富的馬卡龍，是該店主打的人氣商品，不僅展現該店的特色，也深深擄獲顧客的心與眼。

口感紮實有味，任何人都適合的口味

黃豆粉馬卡龍
180日圓

● 作法在第108頁

PÂTISSERIE PÈRE NOËL

パティスリー ペール・ノエル

杉山 茂　店主兼主廚

　以製作「適合全家人的蛋糕」為宗旨的「PÈRE NOËL」甜點店，該店的馬卡龍也以日本人容易接受、適合所有人口味為目標。

　「我希望製作吃起來口感較結實的馬卡龍。而不是黏呼呼、鬆軟軟的口感，最理想的是口感密實、紮實有味的馬卡龍」杉山主廚表示。主廚經過不斷嘗試和失敗，才找出現在的最佳配方，而且也比以前更暢銷。

　該店目前有7種口味的馬卡龍，其中又以「黃豆粉馬卡龍」的人氣最旺。這款馬卡龍的裡面夾入黃豆鮮奶油風味的牛奶巧克力醬，外面的麵糊中也使用黃豆粉。

　馬卡龍麵糊中使用的杏仁粉是加州產品種。主廚選用的原因是杏仁風味不會太濃，又方便使用。黃豆粉也有各種品牌，但為了達到適合所有人食用的目標，該店選用味道不會太獨特的。

　從有利作業的角度出發，主廚選用義式蛋白霜。蛋白霜攪打至五分發泡後，再一點一點慢慢加入糖漿，充分攪打發泡到蛋白霜尖端呈現如「鳥喙」般豎起的狀態。而壓拌混合麵糊的作業，因蛋白不同的狀況，每天麵糊的狀態也不盡相同，所以主廚都是用手感覺是否已達最佳狀態，隨時加以調節。

　麵糊擠到烤盤上後，該店會花1個小時讓它乾燥。「乾燥不足，馬卡龍烤好後表面會不漂亮，所以一定要有充足的乾燥時間」杉山主廚說明道。

　「黃豆粉」馬卡龍的情況是不要有烤色，所以烘烤時要控管上火。重點在於漂亮的蕾絲裙出現後，依據不同烤箱，要適時的調節溫度和烤盤。

　黃豆粉鮮奶油風味的牛奶巧克力醬，是用加入黃豆粉和水飴的鮮奶油，以及融化的牛奶巧克力混合而成。它是能讓人發現黃豆粉風味和牛奶巧克力非常對味，味道濃厚又圓潤的巧克力醬。在口感紮實的馬卡龍中，擠入大量的巧克力醬，就完成這款分量十足，深受各年齡喜愛的馬卡龍了。

馬卡龍商品簡介

抹茶	**咖啡**	**巧克力**	**柳橙**	**木莓**
180日圓	180日圓	180日圓	180日圓	180日圓
加入抹茶的馬卡龍中，夾入抹茶風味的奶油醬。	咖啡馬卡龍中，夾入咖啡味的奶油醬。	可可馬卡龍中，夾入使用苦味圭那亞巧克力（Guanaja）等的巧克力醬。	橙色馬卡龍中，夾入橙香奶油醬。	紅色馬卡龍中，夾入覆盆子奶油醬和果醬。

香草：香草馬卡龍×香草奶油醬

MACARON

以麵糊和餡料具有整體感為目標的馬卡龍

巧克力馬卡龍
180日圓

● 作法在第109頁

Pâtisserie Salon de thé Amitié 神樂坂

パティスリー　サロン・ドゥ・テ　アミティエ　神楽坂

三谷智惠　店主兼糕點主廚

「Amitié 神樂坂」甜點店以販售法國傳統甜點為主。現在大部分的甜點店都販售五顏六色的馬卡龍，而該店卻只賣「巧克力馬卡龍」這一種口味。究竟是何原因呢？三谷主廚說「我希望儘量不要使用色素」。

「我雖然覺得馬卡龍的鮮麗色彩很吸引人，但無論如何我是反對使用食用色素。儘管我想過要用天然色素來增加馬卡龍的種類，然而到目前為止，我只完成沒有使用食用色素的的巧克力馬卡龍」主廚如此表示。

三谷主廚理想中的馬卡龍口感，是外側酥鬆、裡面濕潤，除了馬卡龍基本的口感外，他特別講究馬卡龍麵糊和奶油餡要有整體感。

「我喜歡咬下去的時候，馬卡龍和裡面的奶油餡有融為一體的感覺。因此，我店裡的馬卡龍都會擠入大量的巧克力醬，讓它和馬卡龍麵糊形成整體感。我認為大量的巧克力醬才能表現風味」三谷主廚說 。

現在的巧克力口味的配方，是主廚經過不斷實驗改良的成品。主廚說「改用不同的烤箱，製作方法也要改變」，他表示烤箱的特性不同，烤出的馬卡龍也有異，它算是有難度的甜點。

主廚在麵糊中使用義式蛋白霜，但這也是基於衛生的考量，他希望蛋（蛋白）要經過充分的烘烤，再者，他希望能製作出具穩定性的麵糊。

製作馬卡龍的重點在於，烘烤前要讓麵糊充分變乾。雖然要視當天氣候來調整乾燥時間，但是該店大約會讓它乾燥2個小時，直到表面呈現乾粗的狀態。確實完成這項作業後，才能烤出漂亮的蕾絲裙，不會產生龜裂的現象。

夾在裡面的巧克力醬，主廚使用60～65％可可成分的黑巧克力，它不會太苦也不會太甜，是任何人都容易接受的味道。混合鮮奶油讓它充分乳化，就能製作出細滑的巧克力醬。

在情人節前後，主廚會將馬卡龍製作成心形，巧克力醬中使用的巧克力種類也會改變，製成「情人節版」的馬卡龍。據說每年都吸引大批的購買人潮。

粉類要各別篩過再加以混合

杏仁粉以粗目篩網篩過，糖粉和可可則以細目篩網篩過，再混合。

義式蛋白霜重視糖漿的溫度

蛋白霜打發後，糖漿要加熱至118℃再混合其中，糖漿要呈線狀慢慢加入蛋白霜中。

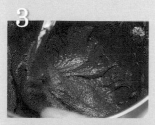

一面混合，一面壓拌氣泡直到呈黏稠狀態

壓拌混合麵糊作業，是用橡皮刮刀一面混合，一面自然的壓碎氣泡。直到麵糊泛出光澤，呈現黏稠的狀態。

讓它乾燥2～3個小時以免馬卡龍龜裂

麵糊擠好後，在常溫中放置2～3個小時，讓表面充分變乾，烘烤後才不會有龜裂的情況發生。

輕綿的馬卡龍中，組合風味濃郁的奶油餡

覆盆子馬卡龍
189日圓

● 作法在第110頁

LE PÂTISSIER T.IIMURA
ル パティシェ ティ イイムラ

飯村崇　糕點主廚

「T.IIMURA」甜點店的店主兼糕點主廚飯村崇先生，自專門學校畢業後，進入「Paul Bocuse」餐廳累積烹飪技術，之後前往法國「Jean Millet」等甜點店深造，2008年3月開設「T. IIMURA」。該店主要是販售法國甜點，另外還製作許多適合各年齡層顧客的甜點、包括生菓子、燒菓子、自製果醬、法國麵包、土司等，每天早晨都提供剛出爐的新鮮麵包。

對飯村主廚來說，馬卡龍是非常吸引人的甜點。法國甜點中最常使用杏仁這項食材。而能夠充分享受杏仁美味和口感的半生菓子（譯註：含水量約10～30％的甜點），只有馬卡龍這種甜點。

「馬卡龍一咬下先感受到表面酥鬆的口感，再咀嚼裡面變成黏稠的口感，接著像是融化似地吞下後，齒頰間還留有餘香，杏仁風味在咀嚼過程中的變化，展現極大的魅力，我想要充分表現馬卡龍那樣的魅力」主廚說道，正因為如此，製作麵糊時，要特別加入熱度。

主廚從10年前開始製作馬卡龍，目前還會不斷的微調配方，使其更美味。為了做出想要的口感，重點在於杏仁粉的粉粒要夠細，主廚會用食物調理機將杏仁片攪打至所需的細度。從杏仁粉滲出的油脂太多，麵糊會變黏稠，若太少麵糊又會太輕軟。主廚想要酥鬆的口感，所以用紙夾住攪碎的杏仁，吸除多餘的油分後再使用。

咀嚼時，為了讓餡料也有輕柔的口感，不會和馬卡龍格格不入，主廚使用奶油醬。以覆盆子口味來說，他將自製的覆盆子醬（含種子的覆盆子果醬）、英式蛋奶醬和奶油充分混拌均勻，再加入覆盆子利口酒增加風味。咀嚼時會不時的咬到覆盆子種子，發出滋滋的聲響，同時還夾雜著馬卡龍在口中消融的感覺。奶油餡味道雖濃厚，但吃完後卻留下十分清爽的感覺。

該店開幕時，馬卡龍的知名度恰好在日本逐漸打開，直到今天，該店的馬卡龍仍然持續穩定銷售，在贈禮用的燒菓子中，它一直是排名一、二的人氣首選。

馬卡龍商品簡介

桃子　189日圓
桃紅色馬卡龍中，夾入桃子奶油醬。

黑醋栗　189日圓
紅色馬卡龍中，夾入黑醋栗風味的奶油醬。

巧克力　189日圓
可可風味馬卡龍中，夾入66％可可成分的巧克力醬。

開心果　189日圓
在綠色開心果馬卡龍中，夾入開心果奶油醬。

鹹味焦糖　189日圓
焦糖色馬卡龍組合鹹味焦糖奶油醬。

咖啡　189日圓
咖啡風味馬卡龍中，夾入咖啡奶油醬。

為了讓顧客看清馬卡龍的顏色，甜點櫃中陳列著不包裝的樣品，不同口味一個個豎放在白色陶盤上。而現貨為保持品質，都用塑膠袋分別包裝。

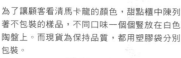

這是該店用來包裝所有燒菓子的禮盒。圓柱形瓶身部分，捲包著該店的包裝紙，上面的部分呈霧玻璃狀，能夠隱約見到放在裡面的馬卡龍。

① 蛋白充分攪打發泡製成有硬度的蛋白霜
將蛋白、乾燥蛋白、食用色素和砂糖一起混合攪打發泡。攪打到舀取時蛋白霜都不會動的硬度。

② 蛋白霜和杏仁糖粉混合
在蛋白霜中加入杏仁糖粉，用抹刀如切割般混合。圖中的麵糊混合得還不夠細滑。

③ 以混合方式調整氣泡使麵糊變細滑
將步驟2狀態的麵糊再混合以調整氣泡，混合到麵糊往上舀取後，會流暢滑落的程度。

④ 打開烤箱門以調節濕度
烤箱門緊閉，烤出的馬卡龍中間會有空洞，所以以烘烤途中，要打開門2次，讓蒸氣能夠散掉。

年輪蛋糕
BAUMKUCHEN

人氣的祕密

目前當紅的年輪蛋糕，正統的作法是由各家店自製麵糊，再以專用烤箱烘烤而成。

曾在德國和奧地利研習的主廚們，以其技術烘烤出的年輪蛋糕，都以追求濕潤口感為目標，目前市面上出現許多配方和烘烤上，都十分講究的年輪蛋糕，深受大眾的矚目。

毫無疑問的，每家店在銷售上都以「濕潤口感」作為宣傳訴求。那種日本人喜愛、如海綿蛋糕般入口即化的絕佳口感，確實廣泛吸引各年齡層的顧客。

此外，有的店推出再來米粉製的配方，有的店採用和三盆糖、抹茶、栗子、巧克力等，烘烤出獨特口味的年輪蛋糕，口味的選擇上非常的多樣豐富。

銷售手法

許多店家都費心將年輪蛋糕專用烤箱設置在顧客看得到的地方，或者讓他們看到烘烤的地方。甜點師傅片刻不離烤箱烘烤的身影，往往能引起顧客的興趣，這時也是讓顧客了解年輪蛋糕是何種甜點的絕佳機會。

多數店家都備有不同大小、直徑和厚度的3種年輪蛋糕，顧客依用途所需選購也是它的魅力之一。

因外觀也代表商品的品質，因此店家在包裝上多採用獨特設計的紙盒和包裝紙。贈禮用的紙盒，多數是能廣泛通用的設計款，店家還費心的在盒中放入介紹風味特色和食用法等廣告單，以利顧客了解商品的美味所在。

「濕潤感」
是銷售關鍵所在

目前，口感濕潤的年輪蛋糕，是
深具人氣的甜點。年輪蛋糕講求
日本人喜歡的口感，吃起來要豐
潤不乾澀。和其他蛋糕一樣，以
再來米粉製的年輪蛋糕，也頗受
顧客的歡迎。

提供正統的
年輪蛋糕

在德國和奧地利研習的主廚們回
國後，以他們在當地所學的技術
為基礎，研發出更創新的年輪蛋
糕，這些甜點店也深具人氣。上
圖是「Konditorei Neues」，下
圖是「KONDITOREI Storn 蘆
屋」製作的年輪蛋糕。

提供年輪蛋糕
新吃法

高松市的「SANS FAON」餐廳
中，將年輪蛋糕和鮮奶油、水果
和冰淇淋等一起盛盤作為點心。
這是為了讓顧客了解年輪蛋糕的
美味，費心設計的餐點。

承襲德國正統作法，極細緻的蛋糕質地

年輪蛋糕
L大小1段　810日圓

● 作法在第111頁

KONDITOREI Stern Ashiya

谷脇正史　KONDITORMEISTER

造訪「KONDITOREI Stern 蘆屋」甜點店的顧客，大多是衝著年輪蛋糕而來，其中有的人都將該店與年輪蛋糕劃上等號，視它為年輪蛋糕專賣店。谷脇正史先生，20歲時隻身前往德國，在當地旅居約14年的時間。其間取得德國國家認可的糕點師傅資格，2005年時，在蘆屋寧靜的住宅區開業。

谷脇主廚在德國研習時，也是擔任年輪蛋糕的製作工作。他希望讓顧客能吃到美味的蛋糕，因此甜點店開幕時，將年輪蛋糕設為該店的主力商品。「食物中是有香味的。我希望蛋糕起初讓人嚐到甜味，到最後會產生齒頰留香的餘味，這點非常重要」主廚以此為目標，製作出溶口性佳，吃後會留下餘韻的年輪蛋糕。蛋糕如同飽含空氣的海綿般鬆軟，質地如絹絲般極細緻、綿密，入口後輕輕咬下，立即能感受到彈牙感。之後，濕潤融化的口感更是前所未有。而且，芬芳的麵粉香瀰漫口中，品味這種蛋糕的感覺將深烙在記憶中。

這樣的年輪蛋糕，是主廚將德國所學的作法加以改良而成。他修業的地方，全部採用以小麥澱粉精製的橙粉，雖然蛋糕的口感很輕軟，但只用橙粉質地太濕，為了調整濕度，該店還混入低筋麵粉。此外，糖分大多由蜂蜜和轉化糖混合而成，但主廚為了追求「更自然的味道」，以米飴取代轉化糖。杏仁膏方面是使用德國藍姆克（Lemke）公司製的生杏仁膏，它是主廚旅居德國時熟用的材料。地中海產的杏仁特色是具有濃厚的香味。此外，其他像是吃完好似會黏在舌頭上的膨脹劑等化學添加物，主廚一概不用。

目前，該店販售的年輪蛋糕有直徑8cm、S尺寸的1～3段，直徑12cm、L尺寸的1～3段共6種商品。其中巴掌大小的S尺寸適合家庭食用，其他尺寸的購買後也很方便分切贈予他人，深得顧客好評。其中呈細長形的3段S尺寸，常作為贈品使用。此外，L尺寸可家庭用也可作為贈禮，用途十分廣泛。平時這些商品都完整販售，但是到了聖誕節等特別節慶日，該店會將年輪蛋糕切塊，淋上翻糖和巧克力來販售。該店還有另一項特色值得注意，那就是男性顧客竟然占整體顧客的四成。甜味清爽、風味樸素柔和的年輪蛋糕，難怪不論任何年齡、性別的顧客都喜愛它。

年輪蛋糕商品簡介

L尺寸2段　1600日圓　　　L尺寸3段　2400日圓

直徑約8cm的S尺寸和直徑約12cm的L尺寸，各有1段～3段等不同的商品販售。4段以上因為最下面一段無法承受上面的重量，容易被壓壞，所以在德國當地，大部分的店家也只有分切成3段。S尺的1段是410日圓、2段810日圓、3段1200日圓。

該店一般將年輪蛋糕和10天期的脫氧保鮮劑一起放在透明塑膠袋中，或裝在以德國色緞帶繫綁的紙盒中。各尺寸年輪蛋糕混裝的訂貨用紅紙盒，需另外支付300日圓的費用。有紅和褐色兩種紙盒顏色，以利婚喪喜慶顧客不同的需求。

該店建議顧客分切時，最好每片厚1cm斜向切片。因為這樣切面變大，較薄處吃起來口感細滑、溶口性佳。

上圖是德國Schlee公司的年輪蛋糕烘烤機。基本上以手動方式上、下移動捲軸。具有操控桿，能夠輕鬆作業。此外縱向排列的瓦斯火源均可調整，而且捲軸的旋轉，也可以調整成半自動，所以方便調整蛋糕細部的烘烤狀況。

年輪蛋糕的烤箱設備，設在店內正面的甜點櫃旁，1段、2段、3段的年輪蛋糕分別排放，讓顧客能夠輕鬆分辨產品種類。而且顧客若有問題，也能立即詢問設在對面的收銀櫃台，方便他們快速選購。

BAUMKUCHEN

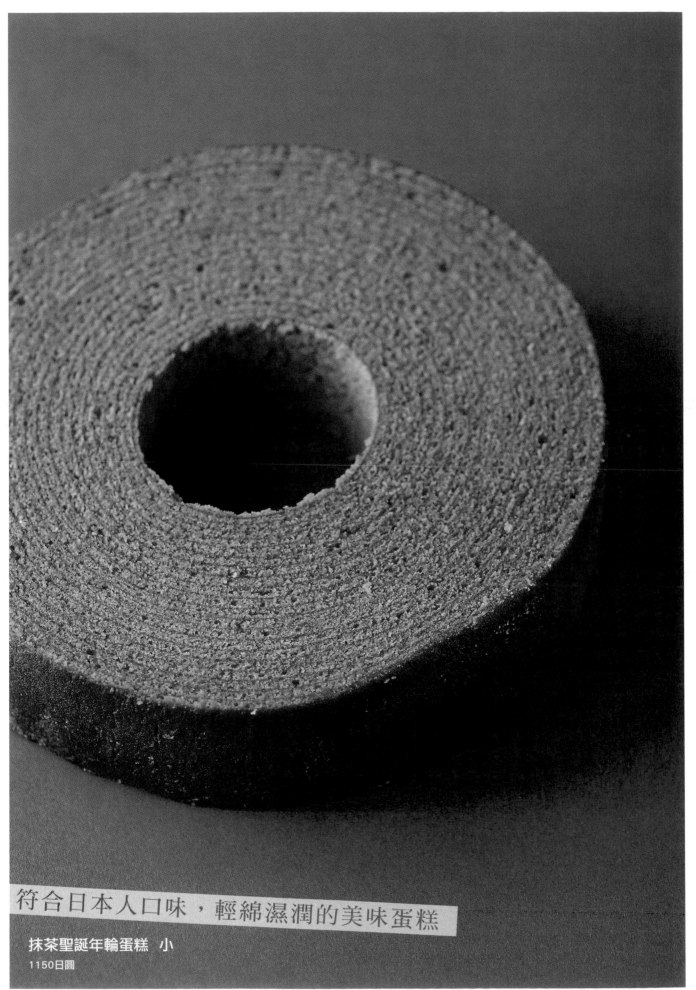

符合日本人口味，輕綿濕潤的美味蛋糕

抹茶聖誕年輪蛋糕　小
1150日圓

● 作法在第112頁

甜點之家　Saint-amour

清水克人　店主兼主廚

　1999年5月「Saint-amour」甜點店在茨城的守谷開幕。開幕之初，該店約20坪大小，不久它便成為當地的人氣甜點店，顧客數與日俱增，8年後的2007年9月，搬遷至約100坪大小的現址重新開幕。

　遷至新店時，清水克人主廚思考要推出其他店所沒有的招牌商品。因此他想到「年輪蛋糕」。清水主廚表示「雖然年輪蛋糕在百貨公司地下商品店等地經常可見，可是在個人的甜點店中卻很少見。我覺得別家店沒有的訴求極富吸引力，因此決定引進它」。在設計新店面時，主廚在正面設置它的專用空間，透過玻璃讓顧客能夠看年輪蛋糕的製造過程。

　清水主廚推出的年輪蛋糕，以符合日本人喜愛的口味為目標。主廚表示「店裡的年輪蛋糕，不像發源地德國那樣質地紮實厚重，而是日本人喜愛的輕柔口感，裡面細緻有味」。麵糊充分攪打發泡，烘烤時麵糊溫度保持38℃，便能烤出鬆軟輕柔的口感。另一方面，主廚將杏仁膏放置一晚，來提引杏仁的風味，並

使用風味濃郁的和三盆糖和天然蛋，開發出細緻、有味的年輪蛋糕。「聖誕年輪蛋糕」就這樣誕生了。

　該店最初只販售原味聖誕年輪蛋糕，為慶祝開幕10周年，又推出「抹茶」的口味。抹茶和原味的配方不同，裡面不只用和三盆糖，還加用蜂蜜來增加甜味。

　「和三盆糖的風味很強，會掩蓋抹茶的香味。減少和三盆糖用量所減少的甜味，我用蜂蜜來補足」清水主廚說明道。抹茶及和三盆糖的濃郁甜味融合，讓人覺得是抹茶和黑糖蜜的組合，這款和風年輪蛋糕就大功告成了。

　該店的「聖誕年輪蛋糕」有大、中、小3種尺寸（大是直徑18cm×高8.5cm、中是直徑18cm×高5.5cm、小是直徑14cm×高4cm），其中最暢銷的是經濟實惠的小尺寸。全部的尺寸一起合計，該店每天可販售賣60～70個，極受顧客歡迎。該店視顧客的所需，能調整年輪蛋糕的大小，也能滿足顧客作為贈禮用的需求，例如當作婚禮用的喜餅等。

年輪蛋糕商品簡介

原味　小　1050日圓

這是基本款的年輪蛋糕，使用和三盆糖，散發獨特的甜味。其中的杏仁膏使蛋糕呈現濃郁風味和濕潤感，輕軟的口感也容易讓人食用。

該店的年輪蛋糕專用包裝盒，除了紙製（右圖）的之外，還有適合贈禮具高級感的木蓋層（左圖）。木蓋層只有大、中兩種尺寸，抹茶的中尺寸包裝費是2400日圓、大尺寸是3600日圓。盒中會附上建議顧客如何賞味的告示單，例如「自冰箱取出後，放在室溫約30分鐘」等。

由熟練的專門師傅擔任烘烤工作

年輪蛋糕的烘烤工作，由專門的師傅擔任。在年輪蛋糕烤箱上，一層一層仔細的烤出，這是自古以來的傳統作法。

麵糊維持38℃烤成柔軟輕綿的蛋糕

以附有溫度計的攪拌匙攪拌麵糊，讓它保持在38℃，直到蛋糕烤好。若溫度高於38℃，麵糊中會飽含空氣，就無法烤出輕軟的蛋糕。

以再來米粉和米澱粉的差異性，來提升商品的獨特魅力

微笑的樹

小　1050日圓
中　2100日圓
大　3150日圓

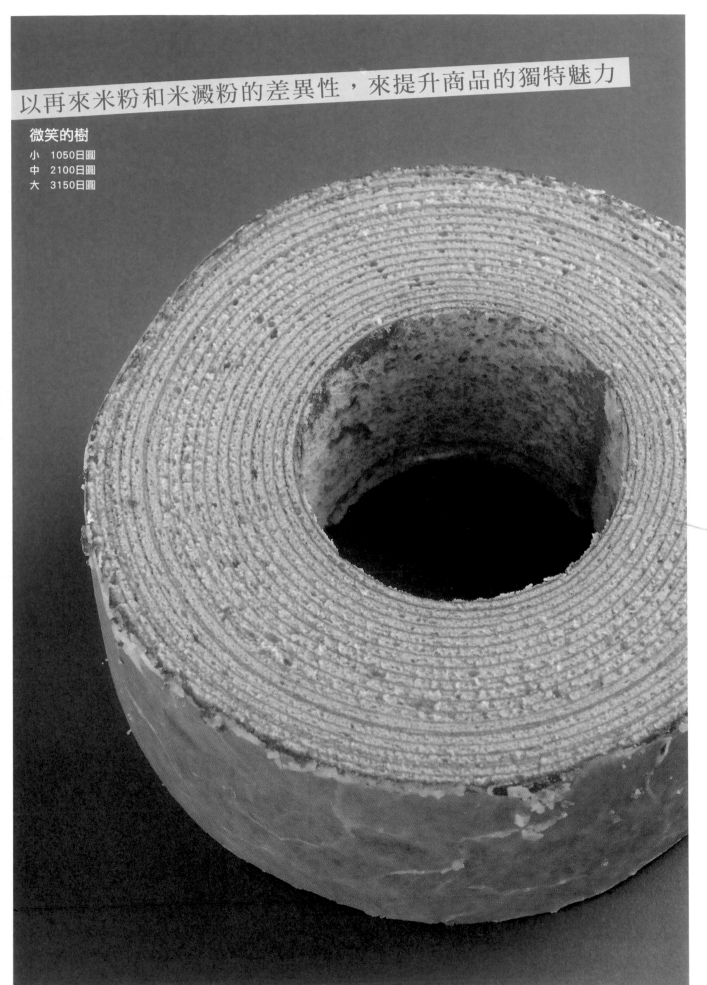

● 作法在第113頁

pâtisserie sourire

パティスリー　スーリール

伊藤展行　店主兼糕點主廚

「年輪蛋糕是本店在2001年開幕時，就想推出的商品」店主兼主廚伊藤展行先生說道。但是，年輪蛋糕必須使用專用烤箱，這樣會加重初期的投資成本。因此該店開業時先不購買，直到4年後營運上軌道，趁店面要重新整修的機會，才向不二商會公司購入烤箱。

該店的賣場面積大約7～8坪，屬於小型的個人店。在這種大小的店內烘烤年輪蛋糕十分罕見，但伊藤主廚卻實現了他的理想，如今年輪蛋糕已成為該店的招牌商品之一。該店店名「sourire」，在法語中是「微笑」之意。該店年輪蛋糕的名字，也以店名來命名。由此，我們便能了解伊藤主廚的用心。

該店的年輪蛋糕最大的特色，是完全不用低筋麵粉，而使用再來米粉和米澱粉。為追求「日本人喜愛的口感」，主廚使用再來米粉烤出富魅力的濕潤口感。

伊藤主廚生於福井縣。在家曾經幫忙種稻，對於日本人仍屬於「米的文化」這件事，他從小就有很深的體會。後來他對用再來米粉製作甜點這件事感到興趣，他不但把它廣泛運用在瑞士捲、費南雪和餅乾等甜點中，研發年輪蛋糕時，也希望能用再來米粉製作。

「再來米粉中因為完全沒有麩質，比起用低筋麵粉製作年輪蛋糕，不論在配方或烘烤上都比較困難」伊藤主廚說。他經過不斷嘗試、反覆改進，最後發現加入樹薯粉，能稍微彌補缺少麩質力的缺點。而且，為了呈現再來米粉的濕潤感，主廚大膽不用杏仁粉和杏仁膏，還以日本酒取代洋酒來增加風味。雖然用洋酒的甜點風味也不錯，但主廚思考使用和再來米粉同原料的日本酒，應該更適合再來米粉的麵糊。該店也以地產地銷為宗旨，因此使用以清酒發祥地而聞名的當地伊丹的藏元所產的「白雪」。

目前，依不同季節，該店除了有這裡介紹的原味年輪蛋糕外，還有巧克力和抹茶口味。包括有小尺寸直徑15cm×高4cm、中尺寸直徑18cm×高6.5cm、大尺寸直徑18cm×高9cm共3種。大部分日賣30～40個，占烘焙甜點總銷售額的2/5。

左圖是包裝好放入專用盒中的年輪蛋糕，重點是上面還放有稻穗，讓蛋糕使用再來米粉的特色在視覺上突顯出來。

①一面加入篩過的米粉等粉類，一面用攪拌器混拌

砂糖類、油脂和蛋攪拌到變得乾澀時，再篩入已經過篩2次的粉類。這麼費工是為了讓麵糊中能夠飽含空氣。

②麵糊完成的標準是能迅速的滑落

上圖是麵糊攪拌完成的狀態。這時將麵糊上舉，它會迅速滑落。最後用手來混合，一面用身體感覺麵糊的狀態，一面作業。

該店將使用當地伊丹產的清酒「白雪」，以及當地企業的米澱粉陳列在店內，以強調地產地銷的理念。此外，展示櫃中以稻穗做裝飾，在視覺上展現使用米粉的特色。

③一面混合麵糊，一面經常調整溫度

烘烤時很重要的是，要用攪拌匙一面混合，一面讓麵糊的溫度常保34～35℃。因為這個配方中的蛋量較多，所以烘烤的要訣是火候不可過頭。

④烘烤成濕潤、漂亮的圓形

共花40～45分鐘，烤出22～23層。烘烤途中，要在兩端淋上麵糊，以專用棒讓蛋糕粗細能夠均勻。最初和最後一層要烤久一點，以增加烤色。

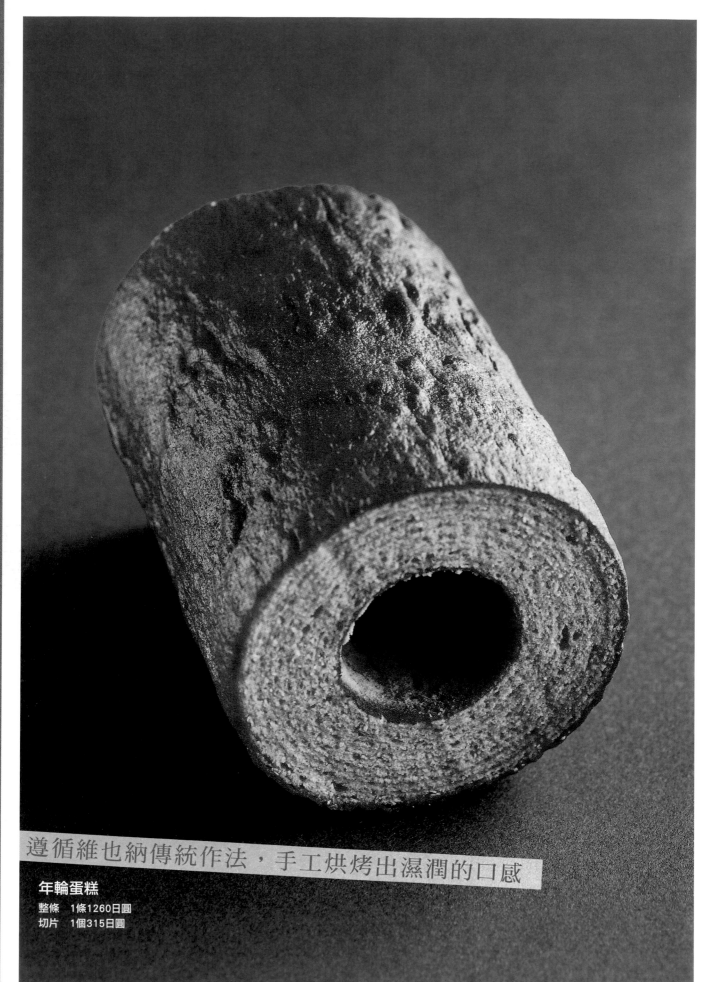

遵循維也納傳統作法，手工烘烤出濕潤的口感

年輪蛋糕

整條　1條1260日圓
切片　1個315日圓

● 作法在第114頁

Konditorei Neues
コンディトライ・ノイエス

野澤孝彦　店主兼糕點主廚

　販售維也納甜點和德國麵包的「Konditorei Neues」甜點店，店內有年輪蛋糕的專用烤箱，烘烤時由主廚親自操刀，以手工方式片刻不離的完成製作。

　野澤孝彦主廚曾在維也納甜點名店「OBERLAA」，以及王室御用甜點店「L.Heiner」等地學習累積經驗，也曾在南德的「Vandinga（音譯）」擔任甜點師傅，一面學習做麵包的技術。

　年輪蛋糕雖是發源於德國的烘焙甜點，但在奧地利也是大眾熟悉的傳統甜點之一。「我並不是因為是維也納甜點店才賣年輪蛋糕。我製作的原因是「L.Heiner」的年輪蛋糕非常美味，而且我有製作的技術。只是因為這樣而已」野澤主廚說明道。該店開幕之初，主廚在雜誌廣告中發現東京新宿的町工場，和「L.Heiner」款示差不多的烤箱，因此特別下單訂購。

　主廚店內年輪蛋糕不論配方或作法，都是學自「L.Heiner」甜點店的傳統方法。雖說如此，但在日本卻買不到相同的麵粉和蘭姆酒等材料，所以為了配合使用的材料，主廚做了一點微調。

　此外，所有的甜點雖然共通，但隨著技術和食材等的進化，野澤主廚會改良已不符時代潮流的部分，他表示「外觀我會保持不變，但我把溶口性變得更好等，我只加入些微的改變，吃的人無法察覺到」。

　該店的年輪蛋糕直徑約8cm，中央的孔直徑為3cm、長度是11cm，是維也納式的細長外型。該店採取一般甜點店少見的整條販售的方式，不過也有切片零售。

　該店的麵糊中因為加入生杏仁膏和鮮奶油，火候不過頭，每一層都烤出淡淡的烤色，所以蛋糕的質地極細緻、濕潤和柔軟。由於圓柱形的蛋糕橫放會變型，所以該店一定是豎起來陳列。剛攪打發泡好的鮮奶油含太多空氣，很難烤出漂亮的蛋糕，製作的重點是前一天攪打好，讓氣泡數量穩定後再使用。

　蘭姆酒的風味也是產品的特色之一，主廚使用奧地利產的「Stroh rum」蘭姆酒。那股如香蕉般的獨特芳香極為誘人，許多回頭客都表示「那種香味和口感讓人一吃上癮」。

1
打發變硬的蛋白霜和基本麵糊混合
將奶油、生杏仁膏、砂糖、香料、蛋黃、蘭姆酒和低筋麵粉等充分混勻，在這個基本麵糊中，混入攪打發泡至尖端能豎起程度的蛋白霜。

2
在捲軸上捲包紙，迅速淋上麵糊
為方便烤好的蛋糕容易取下，先在捲軸上包上紙，再放上麵糊。捲軸旋轉時，麵糊會滴落，要繼續不斷迅速補上麵糊。

3
一面將捲軸靠近火源，一面調整烘烤
操縱調整桿，讓捲軸靠近火源，一面烘烤，一面注意讓火候保持均勻。熱源為瓦斯，比用電的保濕性高，麵糊較不易乾燥。

4
調整外型，讓蛋糕整體呈一條圓柱型
蛋糕共烤17層，烤到第10層時，表面會開始呈現凹凸不平的狀態，這時要不時用刮板均勻的刮平表面，來調整外型。

5
仔細舀取麵糊，充分使用乾淨
在捲軸上淋麵糊時，因為要快速的作業，會使得麵糊四處飛散，邊作業要邊刮取麵糊，最後集中用完。這是使用非全自動式的手動式烤箱的優點。

6
在烤好的麵糊上刷上蘭姆酒糖漿
在剛烤好的蛋糕上，用毛刷平均的刷上以砂糖、水和蘭姆酒製作的糖漿。蛋糕一旦變涼，刷上的糖漿會難以滲入其中，這點請留意。

年輪蛋糕完成後，該店會先用保鮮紙包好，再包上透明的塑膠袋，上面袋口以金色緞帶綁好。作為贈禮用的整條蛋糕，有用附提把的黑色紙袋和褐色禮盒的2種包裝，另外也有2條用的包裝盒。

透過誘人美味和品牌行銷的著名特產甜點

TAM年輪蛋糕

S　1260日圓
M　2625日圓
L　3675日圓

● 作法在第115頁

StellaLune
ステラリュヌ

田村泰範　店主兼糕點主廚

　「StellaLune」甜點店的本店和分店2家店面，平均每天販賣S尺寸的「TAM年輪蛋糕」約24條、M和L尺寸約6條。該店的年輪蛋糕與另一項代表性商品「TAM瑞士捲」齊名，為該店2大深受歡迎的招牌商品。研發年輪蛋糕時，主廚以吃了喉嚨不會感到乾渴，吃再多也不膩的風味為目標。「味道太甜、水分太少的甜點，吃起來會讓人覺得乾澀，讓人無法一口接一口，吃不了太多。因此我想要製作容易食用、外觀讓人覺得熟悉，能夠讓顧客吃了還想再吃的甜點」田村泰範主廚說道。具有濕潤、綿細的口感，入口後彷彿能迅速融化般豐潤的「TAM年輪蛋糕」，因為吃起來很爽喉順口，所以讓人欲罷不能。

　該店於2006年2月開幕，引進年輪蛋糕是在2年半之後的2008年。該店最早推出的「TAM瑞士捲」一直很受歡迎，後來不斷有客人提出「希望有可以作為禮物、較耐保存的甜點」的要求，再加上其實田村主廚在店面設立之初，就曾考慮要推出年輪蛋糕，因此他決定在停車場的一角，設立15坪大小2層樓的甜點工房。備齊所有設備，作為專門研發瑞士捲和年輪蛋糕的廚房。

　對於重視麵糊製作，擅長表現以蛋糕為主體的甜點的田村主廚來說，他將製造販售能讓人充分享受蛋糕美味的年輪蛋糕，以「集古今之大成」為目標之一。因此，他把年輪蛋糕冠以代表該店特產的「TAM（田村）」，命名為「TAM年輪蛋糕」像這樣該店費心將甜點予以品牌化，清楚標示出該店的特色產品，以作為顧客選購時的參考。目前，「TAM」系列甜點，包括有瑞士捲、年輪蛋糕、戚風蛋糕和布丁等，其中只有瑞士捲是生菓子，燒菓子中，又以年輪蛋糕的銷售量居冠。

　另外，關於年輪蛋糕的大小，現有適合家庭用直徑14cm×高4cm的S尺寸、適合作為禮物直徑17cm×高6.5cm的M尺寸，以及直徑17cm×高9cm的L尺寸共3種。任何一種目前只有整條販售，不過主廚計劃在不久的將來，加入單片販售，或搭配副材料販售等，以因應廣大顧客群不同的需求。

一走進該店大門，就能看到在左側玻璃牆面後，展示著剛烤好、令人垂涎的年輪蛋糕。側牆上還有主廚對年輪蛋糕的想法和嚴選食材的說明文字，許多顧客在等候結帳的空檔，都會閱讀上面的文字。

為了和其他甜點加以區隔，在「TAM」系列的包裝盒上，以書法字體做設計，來呈現現代日式風格。在適合作為贈禮的銀色和金黃色包裝盒上，以印有主廚名字的描圖紙捲包固定，該店在包裝盒的設計上也十分講究。

1 每一層都很仔細
要訣像是覆上薄膜一般

將捲軸浸入麵糊盤時，麵糊要像在捲軸上覆上一層薄膜般。約花20秒的時間來沾上麵糊，剛開始烘烤時，要在邊端淋上麵糊，讓兩端變厚些。

用遠紅外線般的
柔和火力慢慢烘烤

該店使用的烘烤器是不二商會公司生產的3條款示。烘烤時，先以遠紅外線般的瓦斯火力烘烤20秒，在烘烤的20秒期間，捲軸要迴轉1圈。

薄膜是溶口性的大敵
絕不可攪拌混入

因為蛋糕以350℃烘烤，麵糊上會形成一層薄膜。烘烤途中絕不可將薄膜攪拌混入。如果比重逐漸變重，麵糊變少時，就要加以補充。

只有專業師傅
才能掌握完美的火候

只要稍有疏失，麵糊就會掉落，所以該店只有主廚一人，才能勝任烘烤年輪蛋糕的工作，這項作業極需要經驗。

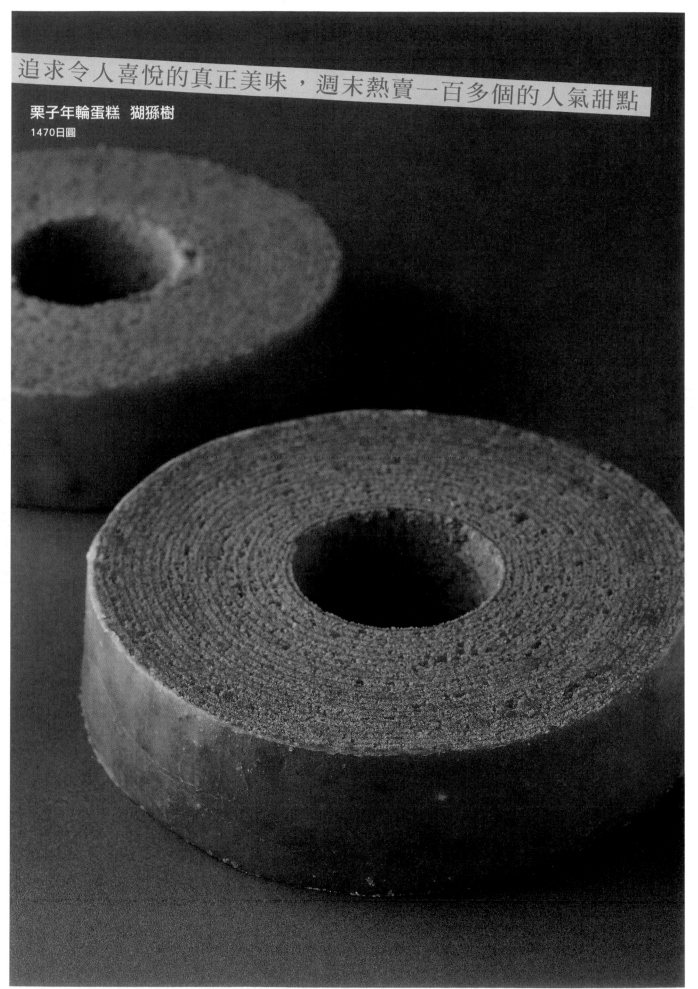

追求令人喜悅的真正美味，週末熱賣一百多個的人氣甜點

栗子年輪蛋糕　猢猻樹
1470日圓

●作法在第116頁

PÂTISSERIE SANS FAÇON

パティスリー サン・ファソン

植田真治　店主兼糕點主廚

「一提到SANS FAÇON，我希望大家馬上會聯想到年輪蛋糕！」植田真治主廚如此表示。在該店人氣佳的生菓子和燒菓子等商品中，主廚希望再加入年輪蛋糕，作為該店的新招牌商品。因此他設定的風味，是從小孩到老人所有年齡層顧客，都能接受的美味。特色風味迷人，具有日本人喜愛的濕潤與柔軟口感。除了原味的口味之外，隨著不同季節，還加入不同的口味變化，例如夏季有抹茶、秋季有這裡介紹的栗子、冬季有和三盆糖、情人節有巧克力、白色情人節有裹上覆盆子糖霜等多樣化口味。

這次介紹的「栗子年輪蛋糕」，是充分活用栗子風味與味道的秋季限量商品。「只用蒸栗泥無法突顯出風味，所以我混入風味佳、味道濃的法國產栗子醬。另外還加入栗子粉，來增加色澤」植田主廚說明道。此外，「栗子年輪蛋糕」不只用全蛋，考慮再加入蛋黃後，蛋糕的風味和口感都會變得更好，主廚還額外加入蛋黃，這麼一來，要使用何種雞蛋也成為製作的重點。一般的蛋做出的蛋糕不夠軟，換言之，要製作品質穩定的蛋糕，一定要用優質的雞蛋。主廚試用許多品牌的蛋後，最後終於選定現在所用的香川縣財田町的雞蛋。

為了烤出濕潤的口感，主廚在配方和烘烤法上也花費許多心思。配方上，主廚以再來米粉澱粉來增加輕軟感，以樹薯粉來增加彈牙感。杏仁粉則使用沒有苦味的美國產小顆杏仁。因為要烤出非常柔軟的蛋糕，所以烘烤上，主廚將烤箱溫度稍微調高至335～340℃，烤出21層共花40分鐘，蛋糕烤好時並不會喪失太多的水分。

年輪蛋糕是2008年，主廚在有甜點店的商業大樓開設餐廳時，開始將其商品化。主廚在餐廳內設置甜點工房，店鋪的設計能讓顧客從席間看到年輪蛋糕的烘烤過程。工房推出以年輪蛋糕為主角的點心拼盤，以推廣其美味和吃法。

目前，大部分的週末年輪蛋糕都能熱賣百個以上，人氣超旺。日後，主廚考慮以年輪蛋糕為主，組合該店另外的招牌商品費南雪蛋糕或瑪德琳等，開發成甜點禮盒。

年輪蛋糕商品簡介

原味S　1365日圓

配方中使用大量的自製杏仁醬，還使用馬達加斯加產香草莢和黃砂糖。「原味」有S直徑14cm×高4cm、M直徑17cm×高6cm、L直徑17cm×高9cm，共3種尺寸可供選擇。

抹茶風味　1470日圓

「抹茶風味」和「栗子」為季節限定商品，只有直徑14cm×高4cm的S尺寸。經過主廚不斷試驗，最後只選用九州奧八女產的抹茶。是初夏～盛夏時供應的商品。

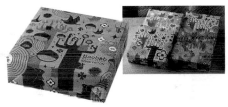

高松是包裝紙上重要的底紋圖案，植田主廚表示。我們委託設計師，為不同口味的蛋糕，製作獨特的包裝紙。設計的概念是希望讓顧客看到包裝紙，就想像出蛋糕的口味。最左側是栗子口味用。右圖中分別是抹茶和原味用包裝紙等。

右圖是該店在餐廳提供的點心拼盤（1000日圓）。將年輪蛋糕、楓糖漿和鮮奶油等一起盛盤。提供年輪蛋糕不同的吃法。

1　在粉類中加入栗子粉，增添風味

全蛋、蛋黃、砂糖、油脂類等攪拌後，其中再加入栗子粉、杏仁粉、低筋麵粉等粉類，輕輕混合。

2　加入栗子醬類，用手混合整體

將蒸栗醬、栗子醬和奶油混合，以微波爐加熱，加入少量麵糊稀釋。再將它混入麵糊中，製成極細緻的麵糊。

3　烘烤時混拌麵糊，溫度保持在35℃

將捲軸浸入麵糊中烘烤，不斷反覆這樣的作業，直到烤好21層。除去最初和最後一層，蛋糕能呈現火候適中的濕潤口感。

4　在兩端沾上麵糊，邊烘烤邊讓兩端凸起

為了烤出濕潤的口感，麵糊也要非常柔軟，為避免麵糊的重量，讓麵糊從捲軸上迅速滑下，兩端要淋上麵糊，增加厚度以加強支撐力。

瑞士捲
馬卡龍
年輪蛋糕

材料和作法

D'eux Pâtisserie-Café
ドゥー・パティスリー・カフェ

菅又亮輔 糕點主廚

瑞士捲

彩圖在第6頁

材料（瑞士捲4條份）

瑞士捲麵糊

蛋黃…780g
白砂糖…340g
蛋白霜
　蛋白…970g
　白砂糖…500g
低筋麵粉…485g
沙拉油…250g

迪普洛曼鮮奶油（crème diplomat）

卡士達醬…（從成品中取800g使用）
　鮮奶…375g
　鮮奶油（乳脂肪成分45%）…125g
　香草莢（馬達加斯加產）…1/2根
　白砂糖…120g
　蛋黃…110g
　卡士達醬粉（poudre a crème）…23g
　玉米粉…13g
鮮奶油（乳脂肪成分45%）…185g
黃砂糖…15g

香堤鮮奶油

鮮奶油（乳脂肪成分43%）…370g
黃砂糖…30g

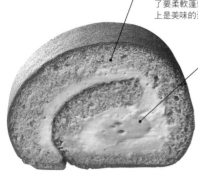

蛋糕體
主廚為了讓顧客嚐到蛋糕本身的美味，不斷研究麵糊的混合和打發方法，目的在製作出極柔軟綿密口感的蛋糕。主廚認為除了要柔軟蓬鬆外，還要濕潤細綿，才稱得上是美味的蛋糕。

奶油餡
蛋糕中夾入迪洛曼和香堤2種鮮奶油餡。因為蛋糕很厚，如果鮮奶油太多的話會失去平衡，所以鮮奶油部分要少一點。使用黃砂糖，能消除乳製品特有的奶腥味。

作法

瑞士捲蛋糕體

1. 在鋼盆中放入蛋黃和白砂糖，以小火加熱混合。加熱至人體體溫的程度，以細目篩網過濾。

   Point 蛋黃過濾後會變得細滑，才能完成極細的麵糊。

2. 用攪拌器以中高速將1攪打到變黏稠發泡為止。

3. 和2同時，用另一個攪拌器攪打蛋白。一面分4次加入白砂糖，一面打發成蛋白霜，直到蛋白霜能完全豎起的程度。

   Point 徹底打發的蛋白霜，才能烘烤出蓬鬆柔軟的蛋糕。

4. 在蛋白霜中加入2充分混拌均勻，加入預先篩過的低筋麵粉混合。

5. 在另一個鋼盆中放入沙拉油，加入1/5分量的4混合，混勻後再倒回4的鋼盆中，將整體充分混拌均勻。

   Point 加入沙拉油，烤出的蛋糕才能濕潤柔軟，不會變得乾澀。

6. 在烤盤中鋪入四角已裁切切口的烤焙紙，倒入麵糊，表面用刮刀慢慢的刮平。

   Point 因為麵糊的氣泡很細緻，若用刮板來刮平，會弄破泡，所以要用刮刀輕柔的刮平。

7. 在烤盤下方墊1塊鐵板，以上火175℃、下火180℃的箱層式烤箱烘烤18分鐘。

8. 從烤箱取出後，立刻將烤盤從20cm高的地方輕輕敲擊桌面，以去除蛋糕中的熱氣。再將蛋糕連紙從烤盤中取出，放在涼架上冷卻。

迪普洛曼鮮奶油

1. 製作卡士達醬。在鍋裡放入鮮奶、鮮奶油、從香草莢中刮出的種子和豆莢和25g白砂糖，開火加熱。快要煮沸前熄火，用鋁箔紙或耐熱用保鮮膜覆蓋，約靜置15分鐘。

   Point 蓋住鍋子，可讓香草的香味充分融入鮮奶中。

2. 在鋼盆中放入蛋黃，用打蛋器打散，加入剩餘的95g白砂糖、事先篩過的卡士達醬粉和玉米粉，一起混合均勻。

3. 將1加熱到快要沸騰前，加入2中混勻。

4. 將3過濾到鍋裡。以中火加熱，一面用橡皮刮刀不停翻動以免焦鍋，一面攪拌熬煮。

5. 等鮮奶油變得細滑，泛出光澤後倒入鋼盆中。將鋼盆一面放入大量的冰塊中，一面用橡皮刮刀繼續混合，直到溫度降至20℃時，用保鮮膜覆蓋，放入冰箱冷藏。

   Point 放入鮮奶油的鋼盆以大量的冰塊冷卻，讓溫度迅速下降，這樣吃起來口感才會濕潤柔軟。

6. 在鮮奶油中加入黃砂糖，攪打發泡成和卡士達醬相同的硬度，再和800g的卡士達醬混合。

香堤鮮奶油

等待蛋糕冷卻的時間，在鮮奶油中加入黃砂糖充分攪打發泡，製成塗抹在蛋糕上的香堤鮮奶油。

完成

1. 蛋糕涼了之後，有烤色的面朝下放在新的墊紙上，慢慢撕掉烘烤時所鋪的烤焙紙。

2. 在蛋糕上塗滿香堤鮮奶油。

3. 從距離蛋糕前方3～4cm的位置，用圓形擠花嘴擠上直徑2cm的迪普洛曼鮮奶油。

4. 以3作為軸心，開始捲蛋糕，先將蛋糕徹底摺彎，依照捲簾的要領利用紙來捲蛋糕。捲包到最後，用手輕壓整型，再放入冰箱冷藏讓味道融合。

Pâtisserie Caterina
パティスリーカテリーナ

播田修 糕點主廚

新鮮瑞士捲

彩圖在第8頁

材料（瑞士捲18條份）

瑞士捲麵糊

全蛋（「和漢草物語」品牌）…3000g
白砂糖…1000g
海藻糖（trehalose）…500g
低筋麵粉（「寶笠Gold」品牌）…1000g

香堤鮮奶油（烤盤1片份）

鮮奶油（乳脂肪成分35％）…350g
白砂糖…20g

作法

瑞士捲蛋糕體

1. 在攪拌盆中放入全蛋、白砂糖和海藻糖，將攪拌棒轉高速攪打15分鐘，接著轉中速再攪打發泡15分鐘。攪打到以打蛋器舀起麵糊，麵糊如綢緞般平滑的滑落時，麵糊就完成了（絲緞狀）。

   > **Point** 加入海藻糖，不但能抑制甜味，使蛋糕更美味，還能安定氣泡，使蛋糕質地更綿密、輕柔。

2. 在1中加入預先篩過的低筋麵粉，迅速、不停的混拌。

   > **Point** 因為低筋麵粉的粒子非常細，所以製作重點是，一定要迅速、不停的混拌。

3. 在烤盤上鋪入四角已裁切切口的烤焙紙，倒入麵糊，表面用刮刀刮平。

   > **Point** 如果碰觸麵糊太多次，麵糊會塌軟，所以要以儘量減少刮平的次數來完成作業。

4. 以上火200℃、下火190℃的箱式烤箱烤12分鐘。取出後，立刻將烤盤從20cm的高處輕輕敲擊桌面，以去除蛋糕中的熱氣。再將蛋糕連紙從烤盤中取出，放在涼架上冷卻，放涼後放入冰箱冷凍。

   > **Point** 冷凍是為了避免蛋糕的香味及水份散失。

香堤鮮奶油

在鮮奶油中加入白砂糖，攪打到六～七分發泡。

完成

1. 在蛋糕有烤色的面朝上，塗滿香堤鮮奶油。

   > **Point** 因為蛋糕很濕潤柔軟，所以不要用手直接觸碰，作業時請戴上薄的塑膠手套，以免碰傷蛋糕。

2. 開始捲蛋糕，先將蛋糕徹底摺彎，在鋪好的紙上如同捲住細的麵棍一般，平均施力將蛋糕捲起來。用手輕壓整型，再放入冰箱冷藏。

蛋糕體

麵糊的特色是極細密、濕潤。其中採用「和漢草物語」這個品牌的蛋，它是以桑葉和銀杏等24種中日植物所飼育的健康雞隻所產的蛋，其蛋黃顏色較深，能反映在麵糊的顏色和味道上。

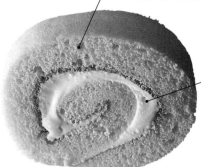

奶油餡

主廚是使用香堤鮮奶油作為夾心餡，鮮奶油攪打到六～七分發泡，吃起來十分柔軟。其中含有大量空氣，入口即化，和蛋糕形成絕妙的平衡。

森下令治 店主兼糕點主廚

水果瑞士捲

彩圖在第10頁

材料（8取烤盤2片份）（譯註：在日本，所謂的「8取天板」是表示專業用烤箱的效能，指能放入8取大小的烤盤，8取烤盤大小約為310×405mm）

瑞士捲麵糊

蛋黃…160g
白砂糖…60g
香草油…適量
蛋白霜
　蛋白…320g
　白砂糖…160g
低筋麵粉…160g
玉米粉…40g

香堤鮮奶油

鮮奶油（乳脂肪成分42％）…500g
白砂糖…40g

餡料用水果

　草莓…140g
　杏桃（糖漬）…小型7個
　奇異果…2個

裝飾

哈密瓜、草莓、藍莓、覆盆子、巧克力等…各適量

作法

瑞士捲蛋糕

1. 蛋黃用打蛋器打散，加入白砂糖充分攪拌混合，再加入香草油混合。
2. 在另一個鋼盆中放入蛋白，攪打到蛋白霜的尖端能豎起的發泡程度，一面分3次放入白砂糖，一面充分攪打發泡，製成綿密可豎起的蛋白霜。
3. 在1中加入2/3量的蛋白霜混合。再加入事先混合篩過的低筋麵粉和玉米粉，充分混拌均勻。
4. 加入剩餘的蛋白霜輕輕混合，倒入鋪好紙的烤盤上，將它均勻攤平。
5. 放入已預熱180℃的烤箱約烤7～8分鐘。烤好後立刻從烤盤中取出，放入搬運箱中，表面以OPP玻璃紙覆蓋，再蓋上搬運箱的蓋子。

> **Point** 最後階段因加入玉米粉，蛋糕容易變乾，所以只需烘烤7～8分鐘即可。烤好後，立刻放入搬運盒中，以OPP玻璃紙覆蓋，以免蛋糕變乾。

香堤鮮奶油

在鋼盆中放入鮮奶油，盆子放入冰水中，一面加入白砂糖攪打發泡，直到九分發泡的程度。

水果

1. 將餡料用水果的草莓去蒂，奇異果去皮。分別切成大小平均的小塊。
2. 將裝飾用水果分別切成大小平均、外觀漂亮的小塊。

> **Point** 分切蛋糕後，為了讓每塊的味道都相同，水果也要切得大小一致。

完成

1. 將變涼的蛋糕倒叩在新的紙上，慢慢的撕掉烘烤時的墊紙，保持蛋糕漂亮的外觀。
2. 在1上塗滿香堤鮮奶油，並排上各種餡料用水果。開始捲包時，先用1捲壓蛋糕形成軸心，以捲壽司的要領用紙來捲蛋糕。捲好後，為了不要讓裡面夾入空氣，用手輕壓中心，然後直接往兩端滑行撫壓，以擠出其中的空氣。

> **Point** 為了避免蛋糕外觀粗細不均，裡面的水果要平均的排放。

3. 拿掉紙後，在表面塗上香堤鮮奶油，再放上裝飾用水果和巧克力。

> **Point** 蛋糕捲好後，輕壓正中央，用手朝兩側滑行撫平，能使蛋糕和奶油餡更加貼合，外觀更整齊美觀。

蛋糕體
特色是鬆軟細緻，入口即化。甜味不會太重，與香堤鮮奶油完美搭配，形成整體感。蛋糕色澤淡雅，與鮮艷的水果色彩相互輝映。

奶油餡
許多顧客都希望蛋糕能放心讓孩子食用，因此奶油餡中主廚完全不加利口酒類的材料，期望直接傳達鮮奶油的美味。刻意降低甜味的作法，更加活化水果的酸味。

PÂTISSERIE PÈRE NOËL
パティスリーペール・ノエル

杉山 茂　店主兼主廚

鬆軟瑞士捲

彩圖在第12頁

材料（30×40cm　1片份、瑞士捲2條份）

瑞士捲麵糊

蛋白霜
| 蛋白…160g
| 白砂糖…86g
蜂蜜…23g
沙拉油…41g
鮮奶…62g
蛋黃…123g
低筋麵粉…66g

香堤鮮奶油

鮮奶油（乳脂肪成分38％）…115g
鮮奶油（乳脂肪成分42％）…115g
白砂糖…20g

完成用

草莓…8顆
糖粉…適量

作法

瑞士捲蛋糕體

1. 在鋼盆中放入蛋白，一面分2次加入白砂糖，一面攪打發泡成蛋白霜。

   > **Point** 因為這是水分較多的配方，若蛋白霜打發得太硬，會難以和具有水分的材料融合。所以蛋白霜大約打發至95％的程度即可。

2. 在另一個鋼盆中放入蜂蜜和沙拉油，隔水加熱備用。鮮奶也放入另一個鍋裡，加熱至人體體溫的程度備用。

   > **Point** 這個步驟能使蜂蜜順暢流動，以方便混入麵糊中。

3. 在鋼盆中放入蛋黃打散，加入2的兩種材料，用打蛋器混合。

4. 在3中放入1的蛋白霜，用手混合到九成均勻的程度。

   > **Point** 一面像是從盆底積水的上方舀取一樣來混合，一面注意不要弄破泡沫。因為之後，還要再加入粉類混合，所以在此階段蛋白霜不需混合得太均勻。

5. 在1中一面慢慢加入篩過的低筋麵粉，一面從盆底向上，動作像是轉動手一般來混合。

   > **Point** 混合到沒有粉末顆粒時，才停止混合。過度混合，就無法烘烤出鬆軟的蛋糕。

6. 在鋪好烤焙紙的烤盤中倒入5，用刮板刮平表面。放入上火180、下火150℃的烤箱中，打開調節閘（damper），前面的門也稍微打開烘烤15分鐘，改變烤盤的方向，再烤3分鐘。

   > **Point** 因為麵糊的水分很多，如果不一面烤，一面打開調節閘讓蒸氣揮發，蛋糕烤好後，會一下子扁塌。

7. 烤好後，蛋糕從烤盤中取出，放到置物板上冷卻。

香堤鮮奶油

在2種鮮奶油中加入白砂糖，用攪拌器攪打到八分發泡。

完成

1. 蛋糕有烤色的面朝上，在蛋糕上放上香堤鮮奶油，用刮刀均勻塗抹，四角都要塗抹。

2. 從距離前面約2cm處，橫放一列切片草莓。

3. 以草莓作為軸心，從前面往後捲摺，利用原來的烤焙紙往後捲動，把蛋糕捲起來。

4. 撕掉紙，切齊瑞士捲的兩端，從上面撒上糖粉。

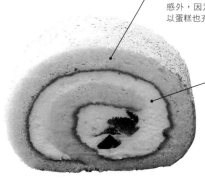

蛋糕體
主廚採用戚風蛋糕的作法來製作蛋糕。除了呈現鬆軟、輕柔的口感外，因為配方中水分很多，所以蛋糕也充滿濕潤感。

奶油餡
奶油餡中使用等量的38％和42％乳脂肪成分的鮮奶油，與鬆軟的戚風蛋糕組合後，濃郁又輕軟爽口的風味，是最誘人的魅力所在。

Pâtisserie Chocolaterie **Ma Prière**
パティスリー ショコラトリー　マ・プリエール

猿館英明 店主兼主廚

黑糖米製瑞士捲

彩圖在第14頁

材料（法國烤盤39×54cm 1片份、瑞士捲3條份）

瑞士捲麵糊

全蛋…250g
黑糖…50g
白砂糖…100g
轉化糖（invert sugar）…38g
水（礦泉水）…38g
再來米粉（宮城縣產）…150g
泡打粉…2g
無鹽奶油…50g
鮮奶…25g

黑糖鮮奶油（瑞士捲1條份）

鮮奶油（乳脂肪成分47％）…82g
鮮奶油（乳脂肪成分35％）…82g
糖霜（frost suger）…3g
黑糖蜜…11g

潤濕用糖漿（imbibage）

水（礦泉水）…100g
黑糖…30g
※水和黑糖煮沸，讓黑糖融化，冷卻備用。

完成用

糖粉…適量

作法

瑞士捲蛋糕體

1. 在攪拌盆中放入全蛋、黑糖、白砂糖和轉化糖，一面直接加熱，一面充分混合。

   Point 此階段砂糖要讓它完全融化。若沒有融化，就難以乳化成細滑的狀態。

2. 若白砂糖已經完全融化，就放到攪拌機上，以高速充分攪打發泡。等蛋白霜發泡至尖端能豎起的程度時，改轉中速，加入煮沸的水。混合後改轉低速，攪打成極細緻的發泡程度。

   Point 以低速沿著攪拌盆繞圈攪拌，直到蛋白霜形成穩定、極細緻的泡沫。

3. 關掉攪拌器，拿下攪拌盆，一點一點慢慢加入篩過的再來米粉和泡打粉，用橡皮刮刀如切割般大幅度混拌。

4. 在3中加入奶油和煮沸的鮮奶，整體混勻。

   Point 在此階段，同店內都要測量比重。麵糊重量太輕時，烤好後捲包餡料時會龜裂，太重是因為在步驟3時混合過度，這樣蛋糕烤好會無法膨起而變得太薄。

5. 在鋪上矽利康紙（Silicone Paper）的烤盤上倒入4，用刮板刮平。烤盤下重疊1片烤盤，放入已預熱210℃的對流式烤箱中約烤7分鐘。

6. 烤好後，將蛋糕從烤盤中取出，放在涼架上冷卻。

黑糖鮮奶油

1. 在2種鮮奶油中放入糖霜，用攪拌器攪打到7分發泡。

2. 在1中放入黑糖蜜，再充分攪打發泡。

完成

1. 在工作台鋪薄紙，有烤色的面朝下放上蛋糕，用毛刷塗上濕潤用糖漿。

2. 在蛋糕上放上黑糖鮮奶油，用刮刀將鮮奶油塗滿整片蛋糕，越後面慢慢塗得越薄，讓它均勻分佈。

3. 將前面蛋糕先往內摺形成一捲，作為軸心部分。直接利用薄紙將蛋糕往後轉動，將蛋糕捲起來。

4. 捲完後，一面拉動薄紙，一面用尺將它壓緊。拿掉薄紙，切齊瑞士捲的兩端，從上面撒上糖粉。

蛋糕體
主廚以100％的再來米粉取代麵粉，烤出來的蛋糕口感輕柔、入口即化。加入的黑糖，使蛋糕更添濃郁美味與甜味，也更加濕潤。

奶油餡
蛋糕中捲著加了黑糖蜜的奶油餡。其中，乳脂肪成分47％和35％的鮮奶油等量混合使用。餡料不但兼具乳脂肪的濃郁和輕柔，也非常爽口好食用。

甜點之家 Saint-amour

清水克人　店主兼主廚

和三盆瑞士捲

彩圖在第16頁

材料（36×60cm的烤盤1片份、瑞士捲3條份）

瑞士捲麵糊

全蛋…455g
白砂糖…150g
和三盆糖（譯註：日本四國地區傳統的手工砂糖）…150g
和三盆糖蜜…10g
低筋麵粉…150g

香堤鮮奶油

鮮奶油（乳脂肪成分35％）…300g
和三盆糖…55g

完成

糖粉…適量

作法

瑞士捲蛋糕體

1. 在攪拌盆中放入全蛋、白砂糖、和三盆糖以及和三盆糖蜜，一面直接加熱或隔水加熱至35℃，一面以高速攪打發泡。

   > **Point** 為了能散發出和三盆的風味，也要使用和三盆糖蜜。

2. 等1的麵糊打發到能豎起時，取下攪拌盆，再一點一點慢慢加入篩過的低筋麵粉，用手混合。

   > **Point** 低筋麵粉是使用「寶笠Gold」這個品牌。它的粉粒細緻，能製作出輕柔的麵糊。此外，混合時，為避免弄破打發的氣泡，用手如切割般大幅度混拌。

3. 在烤盤上鋪上捲包用紙，倒入2，用刮板將表面刮平。烤盤下重疊1片烤盤，以上火170℃、下火150℃的烤箱烘烤14～15分鐘。

   > **Point** 蛋糕烤好後若變乾燥，在捲成瑞士捲時，蛋糕會龜裂，所以要一面看著蛋糕的烘烤狀況，一面調整調節閘的開合。瑞士捲蛋糕要有點像是放在密閉器皿中蒸烤一般來充分烘烤。

4. 烤好後，將蛋糕從烤盤中取下，撕下紙，放在涼架上冷卻。

香堤鮮奶油

在鮮奶油中放入和三盆糖，用攪拌機攪打到蛋白霜尖端能豎起的發泡程度。

完成

1. 將蛋糕有烤色的面朝下放置，上面放上香堤鮮奶油，再用刮刀均勻塗滿表面。讓鮮奶油越往後塗得越薄，均勻的刮平。

   > **Point** 塗抹香堤鮮奶油時，如果過度的刮塗，鮮奶油會變得容易和蛋糕分離，所以最好儘速刮平。

2. 將前面蛋糕先往內摺形成一捲，直接利用捲包紙輕輕往後轉動，將蛋糕捲起來。

   > **Point** 蛋糕飽含空氣很容易破裂，這時不要用力，只要輕輕轉動捲起來就行了。

3. 捲好後，拿掉紙，切齊瑞士捲的兩端，從上面撒上糖粉。

蛋糕體

使用粉粒細緻的麵粉和和三盆糖製作的蛋糕，口感輕柔鬆軟，還散發高雅、濃郁的獨特甜香味。利用蒸烤般的方式，充分烘烤完成。

奶油餡

主廚考慮要搭配鬆軟的蛋糕，因此選用乳脂肪成分35％的鮮奶油，來製作口感清爽的奶油餡，它也和蛋糕一樣，以和三盆糖來添加甜味。

Dœux Sucre
ドゥー・シュークル

佐藤 均 店主兼糕點主廚

西洋梨焦糖瑞士捲
彩圖在第18頁

材料（8取烤盤4片份、瑞士捲8條份）

焦糖瑞士捲的麵糊

全蛋…1080g
高甜度砂糖（high sweet）…115g
白砂糖…460g
焦糖
　鮮奶油（乳脂肪成分35%）…345g
　鮮奶…57g
　白砂糖…90g
低筋麵粉…460g

焦糖鮮奶油

鮮奶油（乳脂肪成分35%）…420g
水…100g
水飴…310g
白砂糖…440g
蜂蜜（義大利產）…80g
鹽（法國給宏德（Guerande）產）…6g
煉乳…80g
無鹽奶油…170g

香堤鮮奶油（烤盤1片份）

鮮奶油（乳脂肪成分35%）…200g
白砂糖…20g

完成用

蜜漬法國西洋梨（La France）…1/2個
糖粉…適量

作法

焦糖瑞士捲蛋糕體

1. 將全蛋、高甜度砂糖、白砂糖混合，以攪拌器充分攪打發泡。

   > **Point** 加入高甜度砂糖（糖液），能完成甜而不膩、烤色漂亮、口感濕潤的蛋糕。

2. 和1同步製作焦糖。將鮮奶油和鮮奶加熱。在另一個鍋裡放入白砂糖，以中火加熱煮融。等白砂糖完全融化後，將整體慢慢的混合。

3. 當煮到有細泡產生，又迅速消失的瞬間，抓準時間熄火，分3~4次加入已加熱的鮮奶油和鮮奶中。然後倒入鋼盤中，讓它冷卻到比人體體溫還稍微熱的溫度。

   > **Point** 產生的泡沫消失的瞬間還不關火的話，就會煮焦，這點請留意。

4. 在1中加入預先篩過的低筋麵粉，迅速混拌均勻。

5. 在1中慢慢倒入變涼些的焦糖液，混合均勻。

6. 在烤盤上鋪入四角已裁切切口的烤焙紙，倒入麵糊，用刮刀刮平表面。

7. 放入已預熱220℃的烤箱中約烤10分鐘，烤盤前後換邊，再烤8分鐘。從烤箱取出後，從烤盤中連紙取出蛋糕，放在涼架上冷卻。

焦糖鮮奶油

1. 將鮮奶油煮沸。
2. 在另一個鍋裡放入水、水飴、白砂糖和蜂蜜，熬煮到165℃為止。
3. 在2中加入1、鹽和煉乳，煮沸後即熄火。加入奶油，混合均勻。

香堤鮮奶油

在鮮奶油中加入白砂糖，充分攪打發泡成為香堤鮮奶油。

完成

1. 等蛋糕涼了之後，倒叩在新的紙上，慢慢的撕掉烘烤時黏在蛋糕上的烤焙紙。

2. 將有烤色的面朝上，均勻的塗上焦糖鮮奶油，上面再重疊均勻塗上香堤鮮奶油。

3. 再平均撒上瀝乾水、切碎的La France蜜漬西洋梨。

4. 開始捲蛋糕時，先將蛋糕徹底摺彎，依照捲簾的要領利用紙來捲蛋糕。捲包到最後，用手輕壓整型，再放入冰箱冷藏5~10分鐘讓它味道融合。在表面撒上糖粉，用鉻鐵增添烤色。

   > **Point** 放入冰箱冷藏，能使蛋糕和奶油餡的風味更加融合。

蛋糕體
主廚從試做的麵粉中，選出2種口感細緻的低筋麵粉，加以混合使用。因蛋糕中滲入了焦糖的水分，口感不但更細緻綿密，還能讓人感受到隱約的焦糖甜味與芳香。表面以鉻鐵焦糖化的作業，使蛋糕顯得更加美味。

奶油餡
重疊塗抹的焦糖鮮奶油和香堤鮮奶油，使味道更豐富有層次。吃完蛋糕後，口中會殘留焦糖味道與芳香，令人印象深刻。搭配合味的La France西洋梨，口感更富變化。

LE PÂTISSIER T.IIMURA
ル パティシェ ティ イイムラ

飯村 崇 糕點主廚

貴婦人的瑞士捲

彩圖在第20頁

材料（6取烤盤3片份、瑞士捲9條份）

瑞士捲麵糊

全蛋…1418g
白砂糖…623g
鮮奶…320g
低筋麵粉…540g
無鹽奶油…95g

卡士達醬

鮮奶…1000ml
香草莢…1條
蛋黃…300g
白砂糖…250g
低筋麵粉…45g
玉米粉…45g

香堤鮮奶油

鮮奶油（乳脂肪成分42%）…1kg
白砂糖…鮮奶油7%的量

餡料用水果

當季水果（草莓、香蕉、奇異果、蜜漬西洋梨等）…各種混合計750g

作法

瑞士捲蛋糕體

1. 在鋼盆中放入全蛋打散，加入白砂糖和鮮奶，一面以小火加熱，一面混合。煮到人體體溫的程度，變得細滑時，用細目篩網過濾。

2. 將1用高速攪拌器攪打發泡，等氣泡變細後轉中速，攪打到變黏稠為止。

3. 一面分2～3次加入預先篩過的低筋麵粉，一面如切割般大幅度混拌。

4. 加入煮融的奶油液，充分混合，使其變成黏稠的狀態。

> **Point** 這裡是使用長崎蛋糕用的「寶笠Gold」牌低筋麵粉，若沒有充分混勻，蛋糕烤好後會扁塌，表面也會出現砂糖結晶，所以製作的重點是要充分混合。製作長崎蛋糕的過程中，要多次混合麵糊以達到「消除泡沫」，要有耐心的混合，不必擔心徹底混合會使蛋糕扁塌。

5. 在烤盤上鋪入四角已裁切切口的烤焙紙，倒入麵糊，表面用刮刀刮平。

6. 放入已預熱170℃的對流式烤箱中烘烤13分鐘。取出，上面依序蓋上紙和網。直接倒叩從烤盤中取出，冷卻備用。

> **Point** 以高溫短時間烘烤，烤箱中的水分變少，能烤出蓬鬆漂亮的蛋糕。

卡士達醬

1. 在鍋裡放入鮮奶、香草莢中刮出的種子和豆莢，開火加熱。

2. 在鋼盆中放入蛋黃，以打蛋器打散，加入白砂糖混合成泛白的乳脂狀。加入低筋麵粉和玉米粉，充分混拌均勻。

3. 將1加熱到快要沸騰，慢慢的加入2中使其融合均勻。

4. 過濾到鍋子裡。以中火加熱，用橡皮刮刀一面不停攪動，一面混合，以避免煮焦，煮到變得細滑、泛出光澤的狀態。

5. 倒入鋼盤中，表面蓋上保鮮膜。在鋼盤底部放冰水加以冷卻，讓它儘快變涼。涼了之後放入冰箱冷藏保存。

香堤鮮奶油

配合蛋糕變涼的時間，在鮮奶油中加入白砂糖，充分攪打發泡。

餡料用水果

將每種水果各切成大小一致。

完成

1. 蛋糕涼了之後，有烤色的面朝上放在新紙上，上面均勻塗滿香堤鮮奶油。

2. 在距離蛋糕前面的3～4cm處，用圓形擠花嘴，擠上直徑2cm的卡士達醬。再平均放上水果。

3. 以卡士達醬作為軸心，開始捲蛋糕，先將蛋糕徹底摺彎，依照捲簾的要領利用紙來捲。捲好後，用手輕壓整型，再放入冰箱冷藏讓味道融合。

蛋糕體
塗上奶油餡捲包之後，奶油餡的水分會滲入蛋糕中，形成恰到好處的濕潤度，要製作口感輕軟細綿的蛋糕，配方中蛋和麵粉的比例是3：1。

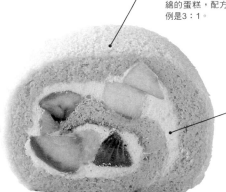

奶油餡
為了要和大量的水果形成完美的平衡，主廚使用許多蛋黃，製作味道濃郁又有口感的卡士達醬。因為香堤鮮奶油中，也使用乳脂肪成分高的鮮奶油，所以奶油餡味道濃郁，更能突顯水果的酸味。

14 Juillet
キャトーズ・ジュイエ

白鳥裕一　店主兼糕點主廚

純生瑞士捲

彩圖在第22頁

材料（瑞士捲8條份）

瑞士捲麵糊
全蛋（連蛋殼的重量）…1.2kg
白砂糖…480g
轉化糖…120g
低筋麵粉（日本國產麵粉「茜」）…360g
泡打粉…6g
鮮奶…150g
無鹽奶油…120g

香堤鮮奶油
鮮奶油（乳脂肪成分35%）…1.6kg
白砂糖…112g
Mon Reunion香草精（天然香草液）…8滴

作法

瑞士捲蛋糕體

1. 在攪拌盆中放入全蛋、白砂糖和轉化糖，以小火一面加熱，一面混合。等砂糖煮融後，放到攪拌器上，以高速充分攪打發泡，最後轉低速攪拌，讓麵糊的質地更細緻。

   > **Point** 充分攪打發泡後，改用低速混合，能使麵糊的密度（氣泡）變得更緊密、細滑。

2. 再加入已事先混合過篩的低筋麵粉和泡打粉，用手將整體混拌均勻。

   > **Point** 使用極細的麵粉，容易形成粉粒，因此要先篩2次備用。用手混拌麵糊時，可用另一隻手轉動攪拌盆，讓麵糊充分交流，這樣蛋糕質地才會細緻。

3. 在已加熱的鮮奶中加入奶油煮融，倒入2中，充分混拌均勻。舀取麵糊讓它滴落，麵糊若能在鋼盆中呈現細柔的綢緞狀，要再混合讓氣泡變細。

4. 重疊2片烤盤，鋪入四角已裁切切口的烤焙紙，倒入麵糊，用刮板刮平。

   > **Point** 重疊2片烤盤，是避免麵糊下方火力太強。麵糊過度觸碰，細密的氣泡會破裂消失，所以刮平的次數要儘量減少。最好仔細觀察烤盤整體，從高處往低處來刮平。

5. 放入上火190℃、下火165℃，調節閘已打開的烤箱中，烘烤10分鐘。接著，烤箱上火改為180℃、下火165℃，打開調節閘，將烤盤前後互換續烤7分鐘。

   > **Point** 為了避免蛋糕膨脹過度，或烤好後扁塌，要打開調節閘來烘烤。

6. 取出後，將蛋糕連紙一起放到板子上。撕掉4邊的紙，保留底面的紙冷卻。

香堤鮮奶油

在鮮奶油中加入白砂糖、Mon Reunion香草精，充分攪打發泡。

完成

1. 蛋糕涼了之後，放到新紙上，慢慢撕下烘烤時所墊的紙。有烤色的面朝上放置，每片蛋糕塗200g香堤鮮奶油，用L形刮刀均勻塗滿。

2. 開始捲蛋糕，先將蛋糕徹底摺彎，形成軸心。將紙的前方側作為支撐，一面均勻的施力，一面捲起蛋糕。捲好後，用手輕壓整型，再放入冰箱冷藏讓味道融合。

蛋糕體

蛋糕100%使用琦玉縣當地產的麵粉。混合作業中，因為麵糊的氣泡很細密，所以蛋糕的特色是呈現極細緻、柔順又濕潤的口感，蓬鬆柔軟、入口即融。

奶油餡

主廚選用乳脂肪成分35%的清爽鮮奶油，不用任何添加物來增加香味，只使用珍貴的天然香料「Mon Reunion香草精」，完成口感輕柔、香味自然怡人的奶油餡。

La Reine
ラ・レーヌ

本間 淳 糕點主廚

王妃的瑞士捲

彩圖在第24頁

材料（39×54cm的烤盤1片份、瑞士捲3條份）

再來米粉瑞士捲麵糊

全蛋…480g
白砂糖…225g
蜂蜜…30g
再來米粉（Riz Farine）…120g
鮮奶…60g

香堤鮮奶油

鮮奶油（乳脂肪成分45％）…300g
糖粉…24g

完成

不融化糖粉…適量

作法

再來米粉瑞士捲蛋糕體

1. 在攪拌盆中放入全蛋和白砂糖，輕輕攪拌混合，加入蜂蜜後直接加熱或隔水加熱至40℃。

   > **Point** 加入蜂蜜，以呈現特有的香味和濕潤感，為了不破壞其他食材的味道，最好選用沒有怪味的蜂蜜。

2. 用攪拌器將1充分攪打發泡。

   > **Point** 該店使用德國製「REGO」公司的攪拌器。其特殊攪拌方式，能使麵糊中飽含空氣，將整體攪打成極柔軟、細緻的發泡狀態。

3. 將攪拌盆取下，一面慢慢加入已經篩過的再來米粉，一面用手混合。

   > **Point** 為避免弄破麵糊的氣泡，用手要輕柔的混合。此外，再來米粉的粉粒很細，不一定非得過篩。因為該店習慣「粉類過篩後再使用」，所以也將再來米粉過篩。

4. 在3中加入加熱至人體體溫程度的鮮奶，混勻。

   > **Point** 輕輕混合就行了。加入鮮奶，能製作出極細緻的蛋糕。

5. 在鋪好捲包紙的烤盤上倒入4，用刮板均勻的刮平表面。放入已預熱180℃的中，烘烤16～17分鐘。

6. 烤好後，蛋糕連紙從烤盤中取出，放在涼架上冷卻。

香堤鮮奶油

在鮮奶油中加入糖粉，用攪拌器充分打發到蛋白霜尖端能豎起的程度。

完成

1. 蛋糕有烤色的面朝下放置，撕下紙，放上香堤鮮奶油，用刮刀均勻刮平，越往後面慢慢的塗抹得越薄。

2. 將前面蛋糕先往內摺形成一捲，直接用撕下的捲包紙，將蛋糕輕輕往後捲起來。

3. 拿掉紙，將瑞士捲的兩端切齊，從上面撒上不融化糖粉。

蛋糕體

主廚使用純再來米粉，完成富彈性、入口即化的蛋糕。以蜂蜜調味，呈現獨特的風味與濕潤感。有烤色的面朝外，外觀好似長崎蛋糕。

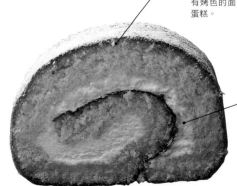

奶油餡

奶油餡中使用乳脂肪成分達45％的濃郁鮮奶油。使用味道濃厚的鮮奶油，是為了和蓬鬆柔軟、入口即融的蛋糕達成平衡。

Pâtisserie KOTOBUKI
パティスリー コトブキ

上村 希 主廚

歡慶瑞士捲

彩圖在第26頁

材料（60×40cm 1片份、瑞士捲4條份）

瑞士捲麵糊

蛋白霜
| 蛋白…440g
| 白砂糖…180g
蜂蜜…50g
轉化糖…15g
鮮奶…100g
無鹽奶油…40g
蛋黃…330g
白砂糖…40g
低筋麵粉…190g

香堤鮮奶油

鮮奶油（乳脂肪成分40％）…400g
白砂糖…32g

完成用

糖粉…適量

作法

瑞士捲蛋糕體

1. 在攪拌盆中放入蛋白和白砂糖，以高速充分攪打發泡成蛋白霜。
2. 在另一個鋼盆中放入蜂蜜和轉化糖，隔水加熱至30℃的程度。

   Point　為了讓它容易混入麵糊中，蜂蜜和轉化糖要加熱成液態備用 。

3. 在另一個鍋裡放入鮮奶和奶油，開火加熱煮融備用。

   Point　鮮奶、奶油若是冷的，很難混入麵糊中，所以要抓準時間加熱，趁熱加入其中。

4. 在攪拌盆中放入蛋黃和白砂糖，以高速攪打發泡。打發到某程度時加入2，以高速再充分攪打發泡。
5. 將4倒入鋼盆中，加入1的一半蛋白霜，用橡皮刮刀混合，再加入篩過的低筋麵粉混合。如果已無粉末顆粒，就加入剩餘的半量蛋白霜，如切割般大幅度混拌。

   Point　如果蛋白霜全部混合後，再加入低筋麵粉，可能會殘留粉末顆粒，或是因過度混合讓蛋白霜的氣泡消失。先混入半量的蛋白霜，加入低筋麵粉，之後再混入剩餘的蛋白霜，這麼做粉粒容易混合，也會保留蛋白霜的氣泡。

6. 最後加入3，混合成細滑的狀態。

   Point　在3中混入一部分的5，再將它倒回5的鋼盆中，這樣會更容易混勻。

7. 在鋪好捲包紙的烤盤上倒入6，用刮板刮平表面。放入已預熱180℃的烤箱中，關閉調節閘，約烘烤20分鐘。
8. 烤好後，從烤盤中取出蛋糕，放到涼架上冷卻。

香堤鮮奶油

在鮮奶油中加入白砂糖，用攪拌器攪打到八分發泡。

Point　這裡是使用明治乳業（公司）生產的鮮奶油「Aziwai」。特色是乳脂肪含量高，味道濃郁、入口即化，清爽順口，只使用在這種口味的瑞士捲中。

完成

1. 將蛋糕有烤色的面朝下放置，撕下紙，在蛋糕上放上香堤鮮奶油，用刮刀均勻的刮平表面。
2. 將前面的蛋糕往內摺，直接用撕下的捲包紙，將蛋糕輕輕往後捲起來。
3. 捲好後包著紙放入冰箱冷藏，拿掉紙，兩端切齊，從中切一半，再從上面撒上糖粉。

蛋糕體

這是使用大量蛋的分蛋海綿蛋糕。裡面加了蜂蜜和轉化糖以增加濕潤度，並以奶油增加香味與濃郁感，呈現非常豪華的風味。

奶油餡

主廚使用明治乳業（公司）生產的「Aziwai」鮮奶油。它含有40％乳脂肪成分，味道濃醇不膩口，入口即化，深受顧客喜愛。

LOBROS SWEETS FACTORY
ロブロス スイーツ ファクトリー

森川將司 糕點主廚

和本瑞士捲

彩圖在第28頁

材料（8取烤盤1片份、瑞士捲4條份）

舒芙蕾麵糊

無鹽奶油…120g
低筋麵粉…120g
高筋麵粉…40g
全蛋…300g
蛋黃…200g
鮮奶…300g
蛋白霜
　蛋白…400g
　本和香糖…200g

迪普洛曼鮮奶油（成品取500g使用）

鮮奶…500g
白砂糖…100g
蛋黃…120g
低筋麵粉25g
玉米粉…15g
香草莢（馬達加斯加產）…1/4條
鮮奶油（乳脂肪成分45%）…25g

香堤鮮奶油

鮮奶油（乳脂肪成分47%）…520g
鮮奶油（乳脂肪成分35%）…520g
本和香糖…80g

完成

糖粉…適量

作法

舒芙蕾蛋糕體

1. 在鍋裡放入奶油開火加熱，煮開後，加入已混合過篩的低筋麵粉和高筋麵粉。用木匙一面混合，一面再煮開。

   > **Point** 麵粉加熱後，才容易釋出麩質，產生黏Q的口感。可是，如果加熱過度，蒸發所需的水分的話，就會缺乏濕潤感，所以加熱到麵糊形成為一團，不會沾黏鍋子時，就要熄火。

2. 麵糊混為一團，鍋子離火後，一面分數次加入混合全蛋和蛋黃打散的蛋汁，一面充分混合。

3. 將加熱至人體體溫的程度的鮮奶，加入2中，再充分混勻使其乳化。

4. 在另一個鋼盆中放入蛋白和本和香糖，攪打成極細緻的蛋白霜。

   > **Point** 因為配方的水分很多，製作的重點是要徹底打發蛋白霜。蛋白霜的力量若無法產生鬆軟感，蛋糕質地就會變得太硬。

5. 在3中加入一部分4的蛋白霜混合，再倒回剩餘的在蛋白霜中，如切割般大幅度混拌。

   > **Point** 輕輕混合，別讓蛋白霜的泡沫消失。

6. 在鋪好瑞士捲專用紙的烤盤上倒入5，用刮板均勻的刮平表面。烤盤下重疊1片烤盤，放入已預熱165℃的對流式烤箱中約烘烤14分鐘。

7. 烤好後，蛋糕連紙從烤盤中取出，放在涼架上冷卻。

迪普洛曼鮮奶油

1. 在鋼盆中，放入蛋黃、白砂糖和香草種子混合。
2. 在鍋裡放入鮮奶和香草莢的豆莢，加熱至80℃。
3. 在1中放入篩過的低筋麵粉和玉米粉混合，再加入2混合後過濾。
4. 將3一面開火加熱，一面攪拌熬煮，將它急速冷卻後過濾。
5. 用攪拌器將鮮奶油充分攪打發泡。
6. 在4中混入5。

香堤鮮奶油

在鮮奶油中放入本和香糖，用攪拌器充分攪打到尖端能豎起的發泡程度，製成香堤鮮奶油。

完成

1. 蛋糕有烤色的面朝上放置，撕下紙，用刮刀薄薄的塗滿迪普洛曼鮮奶油，再放上160g的香堤鮮奶油，用刮刀均勻的刮平，越往後面慢慢塗得越薄。
2. 將前面蛋糕先往內摺形成一捲作為軸心，再將蛋糕輕輕往後捲起來。
3. 捲好後拿掉紙，將瑞士捲的兩端切齊。在表面塗上剩餘的香堤鮮奶油，用刮板縱向刮出圖案，從上面撒上糖粉。

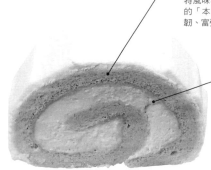

蛋糕體
蛋糕的麵粉用奶油炒過，形成釋出麩質的舒芙蕾蛋糕。還使用具有獨特風味與甜味、口感柔和、沖繩產的「本和香糖」。特色是濕潤、Q韌、富彈性。

奶油餡
裡面捲入大量具有本和香糖甜味的香堤鮮奶油。另外，在蛋糕中，還塗上薄薄的迪普洛曼鮮奶油，除了增加濃濃的蛋香，還能調和風味。

pâtisserie RICH FIELD
パティスリー　リッチフィールド

福原光男　店主兼主廚

蜂蜜瑞士捲

彩圖在第30頁

材料（54cm×39cm烤盤2片份、蜂蜜瑞士捲6條份）

瑞士捲麵糊

全蛋…800g
上白糖…450g
蜂蜜…70g
低筋麵粉…250g

香堤鮮奶油

鮮奶油…1000g
白砂糖…65g

卡士達醬

鮮奶…13000ml
香草莢（馬達加斯加產）…3條
有鹽奶油…810g
冷凍蛋黃…3240g
白砂糖…2016g
低筋麵粉…480g
玉米粉…580g

完成

草莓（當季水果）…適量

作法

瑞士捲蛋糕體

1. 在鋼盆中，放入全蛋和篩過的上白糖混合，一面攪拌，一面隔水加熱至40℃為止。

   > **Point** 蛋加熱到人體體溫程度後，發泡性極佳。蛋是來自飼育彩色甜椒的雞，烤色漂亮的鹿兒島產「櫻美人蛋」。

2. 將1放入攪拌盆中，以高速充分攪打發泡。打發到裡面飽含空氣、泛白，沾在攪拌器上的材料尖端會豎起的程度時，轉中速，加入約加熱到50℃的蜂蜜，繼續攪拌一會兒，整理氣泡。這時計量一次比重，確認為20g。

   > **Point** 為了供應品質穩定的商品，這裡要先計量一次比重，在烘烤前再量第2次。

3. 從攪拌器上取下後，一面將低筋麵粉過篩，一面撒入其中，用橡皮刮刀充分混合。混合到滴落後呈綢緞狀，麵糊會泛出光澤後，計量比重確認為27g。

   > **Point** 篩入麵粉的位置如果太高，粉類會散失，這樣會改變分量，但是位置太低，粉類又無法含入空氣，容易結粒。既要含入空氣，又不會結成粉粒，麵粉最好從距離鋼盆10cm的高度撒入。

4. 在鋪入烘烤紙的烤盤中倒入3，用刮板迅速均勻的刮平，放入上火180℃、下火160℃的烤箱中，約烤14分鐘。

5. 從烤箱取出後，將它從20cm高的地方，連烤盤一起落下敲擊桌面，再將蛋糕從烤盤中取出，放在涼架上冷卻。

   > **Point** 讓烤盤落下，能使蛋糕中的熱氣向外散失，避免蛋糕扁塌。

香堤鮮奶油

1. 在鋼盆中放入鮮奶油，底下一面放冰水，一面攪拌。

   > **Point** 考慮鮮奶油呈現的顏色和味道，將森永乳業（公司）日本產，乳脂肪成分含45％和36％的2種鮮奶油混合。

2. 攪拌變黏稠後，加入白砂糖，充分混勻融合。完成五分發泡的香堤鮮奶油。

卡士達醬

1. 在鍋裡放入鮮奶、從香草莢中刮出的香草種子和豆莢，以及奶油，開火加熱。煮沸後，熄火過濾。

2. 在鋼盆中放入退冰至人體體溫程度的蛋黃和白砂糖，充分混合至泛白的程度。

3. 在2中迅速混入篩過的低筋麵粉和玉米粉，充分混合均勻至沒有殘留的粉粒。

4. 在3中一點一點慢慢加入1混合，以中火開始熬煮。一面從鍋底舀取充分混拌，一面煮到82℃為止，注意別煮焦了。

5. 煮好後將卡士達醬倒入容器中，放入盛冰塊的鋼盤中冷卻。

完成

1. 將蛋糕有烤色的面朝下，放在薄紙上，用刮刀在上面塗滿香堤鮮奶油。

2. 草莓（當季水果）不要切，排放一排在蛋糕的前面，在蛋糕捲包快結束的位置，再擠上一條卡士達醬。

3. 蛋糕和鋪在下面的白紙一起，如同捲住草莓一般輕輕的捲起蛋糕，最後兩端切齊。

蛋糕體
為避免殘留粉末顆粒，主廚極力減少粉類的分量，這樣烤出來的蛋糕中裡面飽含空氣，分量感十足。與其說它的口感頗富彈性，倒不如說它吃起來綿密柔軟、入口即化更為貼切。

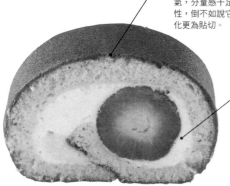

奶油餡
奶油餡中使用了香堤鮮奶油和卡士達醬這2種奶油醬。香堤鮮奶油中，混合了森永乳業日本產、含45％乳脂肪成分的全白鮮奶油，以及富乳香含36％乳脂肪成分的鮮奶油。白色的奶油餡，能充分襯托草莓和蛋糕的顏色。

Pâtisserie Salon de thé Amitié 神樂坂
パティスリー　サロン・ドゥ・テ　アミティエ　神楽坂

三谷智惠　店主兼糕點主廚

水果瑞士捲

彩圖在第32頁

材料（26×40cm　1片份、長24cm的瑞士捲1條份）

分蛋海綿麵糊

蛋黃…60g
白砂糖…30g
蛋白霜
　蛋白…120g
　白砂糖…46g
低筋麵粉…60g
玉米粉…16g
糖粉…適量

迪普洛曼鮮奶油（370g）

卡士達醬（280g中取240g使用）
　鮮奶…200g
　香草莢…1/4條
　白砂糖…50g
　蛋黃…40g
　低筋麵粉…10g
　玉米粉…10g
　無鹽奶油…20g
香堤鮮奶油
　鮮奶油（乳脂肪成分42%）…120g
　白砂糖…12g

完成

奇異果…1個
杏桃…3個（罐頭切半6片）
覆盆子（冷凍）…26～30顆
藍莓（裝飾用）…2顆
覆盆子（裝飾用）…2顆
鮮奶油（打發的）…適量
糖粉…適量

作法

分蛋海綿蛋糕體

1. 在攪拌盆中放入蛋黃和白砂糖，攪打成泛白的乳脂狀。
2. 在另一個攪拌盆中放入蛋白攪拌，等到泛白發泡後，一面分3次加入白砂糖，一面徹底打發製成蛋白霜。

   > **Point**　一開始加入全部的白砂糖，不容易攪打發泡，所以要分數次加入，充分攪打成尖端能豎起程度的蛋白霜。

3. 在1中一次加入2的蛋白霜，用橡皮刮刀輕輕混合2～3次，再加入全部已混合過篩的低筋麵粉和玉米粉，輕輕混合到沒有粉末的程度。

   > **Point**　泡沫消失蛋糕烤好後，不會漂亮膨脹，所以要避免混合過度。之後，因為麵糊還要在烤盤上進行擠製作業，所以一定要留意，一面用刮刀舀取麵糊，一面儘量以最少的次數混合。

4. 在擠花袋上裝上直徑10mm的圓形擠花嘴，放入3，在烤盤上鋪上烤焙紙，將麵糊斜向擠滿在烤盤上。
5. 在烤盤上全擠上麵糊後，用茶濾分2次撒上糖粉，放入已預熱160℃的烤箱中，過程中烤盤的方向要前後對調，共計烘烤15～20分鐘。

   > **Point**　分2次撒上糖粉，表面才能像比斯吉海綿蛋糕般龜裂。

6. 從烤盤中取出蛋糕，放到涼架上冷卻。

迪普洛曼鮮奶油

1. 煮製卡士達醬。在鍋裡放入鮮奶、從香草莢中刮出的種子和豆莢，以及25g白砂糖，輕輕混合煮沸。
2. 在鋼盆中蛋黃和25g白砂糖放入，用打蛋器混合成泛白的乳脂狀，再加入篩過的低筋麵粉和玉米粉，混合到沒有粉末顆粒為止。
3. 在2中放入1充分混勻，一面過篩，一面移到鍋裡，以中火加熱。一面用打蛋器不停的混合，一面煮3～4分鐘。

   > **Point**　因為容易焦鍋，打蛋器要從鍋底和鍋邊充分混拌。

4. 如果3混合變黏稠，已無殘留粉粒後即熄火，加入奶油混合。放入鋼盆中，蓋上保鮮膜，放入冰箱冷藏備用。
5. 將香堤鮮奶油的材料充分打發變硬備用。
6. 在鋼盆中放入240g的4，用橡皮刮刀打散，加入5混合變細滑。

   > **Point**　如果過度混合，會失去韌性，這點需注意。

完成

1. 將奇異果和杏桃切成2cm的小丁，覆盆子解凍備用。
2. 將分蛋海綿蛋糕有烤色的面朝下放置，切齊邊端，用刀輕輕割出切痕，以利捲包奶油餡。
3. 在距離蛋糕後面約1cm處，塗上迪普洛曼鮮奶油，在蛋糕前面，依照杏桃、奇異果、覆盆子的順序放上水果，重覆共放2次。前面用力捲緊，一面往後捲，一面注意不要鬆開。捲好後用紙包起來，用尺等壓緊，放到冰箱冷藏30分鐘以上，讓蛋糕鬆弛。
4. 拿掉紙，兩端切齊，上面擠上攪打好的鮮奶油，裝飾上藍莓和覆盆子，再撒上糖粉。

蛋糕體
分蛋海綿蛋糕的口感特色是表面酥鬆，內餡柔軟。斜向擠製所呈現的花樣，讓蛋糕外觀也充滿品味的樂趣。

奶油餡
主廚選擇風味介於香堤鮮奶油和卡士達醬中間風味的迪普洛曼鮮奶油，來作為奶油餡。為了讓各年齡層的人都能食用，餡料中不使用任何酒類。

à tes souhaits!
アテスウェイ
川村英樹　店主兼糕點主廚

香草杏桃馬卡龍
彩圖在第36頁

材料（直徑4cm、約120個份）

雙色馬卡龍麵糊
整顆杏仁（西班牙產Marcona種）…520g
糖粉…520g
冷凍蛋白…190g
香草莢（香草麵糊用）3條
食用色素（橘色麵糊用的紅、黃色）…各適量
義式蛋白霜
　冷凍蛋白…200g
　乾燥蛋白…2g
　水…130g
　白砂糖…520g

香草奶油餡
杏仁膏…450g
無鹽奶油…225g
香草莢（馬達加斯產）…1條
給宏德（Guerande）的鹽…1g

糖漬杏桃
半乾杏桃…300g
水…1000ml
白砂糖…500g
香草莢（馬達加斯產）…2條
杏桃白蘭地…50ml

作法

馬卡龍麵糊

1. 整顆杏仁和糖粉放入食物調理機中，一面攪碎，一面混合。

   > **Point** 主廚很重視杏仁風味，因此使用自製的杏仁糖粉。與市販的產品比起來，杏仁油脂不會釋出太多，容易混入蛋白中。

2. 將1過篩，分兩半放入2個鋼盆中，蛋白也分兩半放入2個鋼盆中。在橘色麵糊中加入紅、黃食用色素，在香草麵糊中，加入從香草莢中刮下的香草種子和豆莢。用橡皮刮刀分別如切割般大幅度混拌。

3. 製作義式蛋白霜。用攪拌器打發冷凍蛋白和乾燥蛋白。同時，在鍋裡放入白砂糖和水，開火加熱至118℃製成糖漿。蛋白充分打發立刻加入熱糖漿，再用攪拌器充分攪打發泡。

   > **Point** 加入冷的糖漿，麵糊會產生黏性，馬卡龍烤好後裡面容易產生空洞。製作糖漿的打發蛋白霜同時進行，糖漿一定要趁熱加入其中。

4. 趁3的義式蛋白霜還未冷時，分兩半加入步驟2的2個鋼盆中，用橡皮刮刀混合。中途換用刮板，以儘量別讓氣泡破掉的要訣來混合。混合到麵糊泛出光澤，麵糊從上向下滴落能垂流時即完成。

   > **Point** 用橡皮刮刀混合時，要從鋼盆底部向上舀取麵糊，輕輕混合。在此階段，如果過度混合，造成麵糊扁塌，這樣烘烤後就無法產生分量感，但若混合不夠，氣泡太多，也容易造成龜裂的情形，這點需留意。如果改用刮板，手部動作以輕壓麵糊的感覺來混合。

5. 在鋪上矽膠烤盤墊的烤盤上，用7號圓形擠花嘴，將4的麵糊擠成直徑3.8cm大小的圓形。

6. 烤盤下重疊1片烤盤，放入已預熱150℃的對流式烤箱約烤12分鐘。

   > **Point** 放入烤箱約5分鐘後，打開烤箱門，之後每隔2～3分鐘要開門一次，讓蒸氣散失。這麼做，可避免馬卡龍裡面有空洞。

7. 烤好後，放在涼架上冷卻備用。

香草奶油餡

1. 以攪拌器打散杏仁膏，加入置於常溫中已變軟的奶油，充分攪打發泡。

2. 在1中，加入鹽和從豆莢中刮出種子的香草莢，再攪打發泡成乳脂狀。

糖漬杏桃

1. 在鍋裡放入水、白砂糖，以及從豆莢中刮出種子的香草莢，開火加熱煮沸。

2. 將半乾杏桃切成4等份放入鋼盆中，倒入1。加入杏桃白蘭地，直接放置一晚。

完成

在橘色馬卡龍中，用8號圓形擠花嘴擠上香草奶油餡，在中央放入糖漬杏桃。上面蓋上香草馬卡龍，放入冷凍庫中。

   > **Point** 放入冷凍庫中，馬卡龍會吸收水分，產生濕潤感。

馬卡龍
包含代表杏桃的橘色馬卡龍，以及使用香草莢的白色馬卡龍。主廚以雙色馬卡龍，來表現2種風味。著重在表現表面細綿，內餡濕潤柔軟的口感。

香草奶油餡
香草風味的細滑的香草奶油餡（奶油醬），加入給宏德的鹽，形成恰到好處的鹹味。在中央還夾入糖漬杏桃。

14 Juillet
キャトーズ・ジュイエ

白鳥裕一 店主兼糕點主廚

無花果黑醋栗馬卡龍

彩圖在第38頁

材料（直徑約3.5cm、60個份）

馬卡龍麵糊
杏仁糖粉（從成品中取520g使用）
　去皮杏仁（加州產）…500g
　去皮杏仁（西西里產）…500g
　白砂糖…1kg
糖粉…140g
法式蛋白霜
　蛋白…200g
　檸檬酸…0.4mg
　水…0.4mg
　乾燥蛋白…5g
　食用色素（紫、綠藍、紅）…各適量
　白砂糖…75g

無花果黑醋栗奶油餡
杏仁膏（從成品中取200g使用）
　去皮杏仁（加州產）…1kg
　去皮杏仁（西西里產）…1kg
　白砂糖…960g
　水…480g
　轉化糖…80g
無鹽奶油…200g
無花果黑醋栗果醬（從成品中取400g使用）
　冷凍無花果…5kg
　黑醋栗…1kg
　白砂糖…4.8kg

作法

馬卡龍麵糊

1. 將2種去皮杏仁和白砂糖放入多功能食物調理機（Roboqbo牌）中攪拌混合，製成杏仁糖粉，然後倒入鋼盆中放置一晚。

   > **Point** 剛做好時，杏仁會釋出多餘的油分。放置一晚後，杏仁的油分會滲入砂糖中，就不會有多餘的油分。

2. 將糖粉和1的520g杏仁糖粉一起過篩混合。

3. 製作法式蛋白霜。在攪拌盆中放入蛋白，再加入檸檬酸和水以1：1比例混合後的檸檬酸水及乾燥蛋白，以低速攪打。再加入食用色素和白砂糖攪打發泡，製成充分發泡的蛋白霜。

   > **Point** 加入檸檬酸和乾燥蛋白，蛋白霜的氣泡較不易破滅。

4. 在蛋白霜中，一面慢慢加入2，一面用扁平匙（ecumoire）混合，整體混合後，倒入鋼盆中，用刮板混合。

5. 等麵糊混合到泛出光澤，用刮板舀取滴落後能殘留形狀時，在烤盤上鋪上烤焙紙，用10號圓形擠花嘴擠出直徑3cm的麵糊，然後將烤盤敲擊工作台來調整大小。

   > **Point** 為了不要弄破氣泡，用刮板如同從盆底舀取麵糊一般來混合，再利用麵糊的重量讓它自然滴落混合，以此方式調整麵糊的疏密度（氣泡）。千萬不可混合過度，以免麵糊變得稀軟。

6. 將烤盤放入已預熱150℃的對流式烤箱中，立刻轉為130℃烘烤10分鐘，再將烤盤前後調換，烘烤3～4分鐘。

7. 連同烤焙紙一起冷卻，等蛋糕涼了之後再撕下紙。

無花果黑醋栗奶油餡

1. 將2種去皮杏仁、白砂糖、水和轉化糖放入多功能食物調理機中混拌，製成杏仁膏。

2. 將杏仁膏和等量的無鹽奶油放入多功能食物調理機中，讓它充分混拌均勻。製成基本的奶油餡。

   > **Point** 杏仁膏完成時，溫度大約是50℃，這時可以直接加入奶油。

3. 將冷凍無花果、黑醋栗和白砂糖，放入多功能食物調理機中熬煮，製成無花果黑醋栗果醬。

4. 將400g的2的基本奶油餡，和400g的無花果黑醋栗果醬混合均勻。

完成

在一片馬卡龍中擠入無花果黑醋栗奶油餡，再蓋上另一片馬卡龍夾住。

馬卡龍
馬卡龍中使用該店自己碾碎杏仁製作的杏仁糖粉，能讓人充分感受到杏仁的味道、芳香與密實感。經過充分烘烤酥鬆的馬卡龍，吸收奶油餡的水分後，展現恰到好處的濕潤感，成為美味的一大特色。

無花果黑醋栗奶油餡
不只有馬卡龍，主廚在奶油餡中也加入誘人的杏仁美味，他使用自製杏仁膏混合奶油製成基本的奶油餡。加入杏仁膏的奶油餡因為含有水分，又回吸滲入馬卡龍中，使馬卡龍展現濕潤可口的美味。

PÂTISSERIE Acacier
パティスリーアカシエ

興野燈 店主兼糕點主廚

百香果香蕉馬卡龍

彩圖在第40頁

材料（直徑約5.5cm、約70個份）

馬卡龍麵糊

杏仁粉（乾燥鬆散型）…300g
杏仁粉（濕潤標準型）…200g
糖粉…600g
法式蛋白霜
　白砂糖…320g
　乾燥蛋白…10g
　塔塔粉（cream of tartar）…4g
　蛋白…400g
　食用色素（黃色）…適量

百香果奶油餡

百香果卡士達醬（從成品中取450g使用）
　百香果泥…700g
　冷凍加糖蛋黃…260g
　白砂糖…205g
　玉米粉…60g
無鹽奶油…345g

香煎香蕉

香蕉…3～5根（依大小不同數量有異）
無鹽奶油…5g
白砂糖…10g

作法

馬卡龍麵糊

1. 將糖粉和2種杏仁粉混合。

   Point 2種杏仁粉混合後，不論口感和風味都能更濃厚美味。

2. 製作法式蛋白霜。將白砂糖、乾燥蛋白和塔塔粉一起過篩混合備用。

   Point 使用乾燥蛋白能提高蛋白的濃度（糖度），加入酸性的塔塔粉，可以中和略微強鹼的蛋白，製作出質地細密的蛋白霜。

3. 在蛋白中加入1大匙的2，加入適量的食用色素，以最高速攪打發泡。蛋白霜打發成尖端能豎起來後，加入剩餘的2，再充分攪打發泡。

   Point 如果慢慢攪打發泡，蛋白霜無法打發得很漂亮，重點是要迅速打發。使用鋼絲較多的攪拌器，以最高速攪打發泡。打發程度的標準是，從攪拌器上滴落的蛋白霜，不會和積存在下面的蛋白融合的硬度。

4. 在大鋼盆中放入1，再加入3。用刮板像是搗碎氣泡一般，充分混拌均勻。

   Point 在小鋼盆中很難順利作業，所以最好使用大鋼盆，迅速的混拌均勻。若混拌得太久，麵糊會變得扁塌，這點請留意。

5. 在烤盤上鋪上矽膠烤盤墊，用10號擠花嘴擠上直徑4.5cm的麵糊。將烤盤敲擊工作台以去除麵糊中多餘的空氣。

   Point 從烤盤上部的左端往右端擠麵糊，一口氣擠到下部的右端後，將烤盤敲擊工作台後，讓邊端的麵糊也能展開。先擠正中央的橫列，然後敲擊烤盤，再擠上下方的橫列，再敲擊烤盤，這樣反覆作業，擠在邊端的麵糊將無法伸展。

6. 將烤盤約靜置15分鐘，觸摸麵糊表面，麵糊若乾到不沾手的程度時，就放入已預熱150℃的對流式烤箱中烘烤13分鐘。

7. 從烤箱中取出直接冷卻，涼了之後拿掉矽膠烤盤墊。

百香果奶油餡

1. 製作百香果卡士達醬。將百香果泥煮沸。

2. 在鋼盆中放入冷凍加糖蛋黃、白砂糖和玉米粉，充分混拌均勻。

3. 在2中慢慢加入煮沸的1，使其充分混勻。以中火加熱，用打蛋器一面從鍋底攪拌一般來混合，一面熬煮。

4. 一面不停混拌，一面熬煮，注意別煮焦了，煮到奶油餡泛出光澤，呈柔軟的乳脂狀後，過濾冷卻備用。

   Point 因為要充分熬煮，又不能煮焦，所以手要不停的混拌，重點是需隨時留意奶油餡的狀態。

5. 將無鹽奶油攪打發泡，加入450g熱的4，混合均勻使其變細滑。

香煎香蕉

1. 將香蕉切成5mm厚的圓片。在平底鍋中薄鋪無鹽奶油，放入香蕉片，不要讓它們重疊，平均撒上白砂糖。

2. 煎到香蕉呈現淡淡的焦黃色後翻面，另一面也煎到恰到好處的色澤。

完成

在一片馬卡龍中擠入百香果奶油餡，放上香煎香蕉，再蓋上另一片馬卡龍夾住。

馬卡龍

主廚使用法式蛋白霜，清淡不濃郁的甜味能突顯杏仁的風味。馬卡龍表面烤至酥鬆，裡面還略帶濕潤感，口感細綿入口即化。

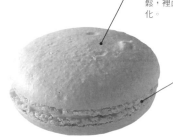

百香果奶油餡

在百香果卡士達醬中加入奶油，使奶油餡充滿蛋和乳製品的濃醇芳香。百香果獨持的酸味，和一起夾入其中的香蕉甜味與香味，彼此相互襯托得更加美味。

Dœux Sucre
ドゥー・シュークル

佐藤均　店主兼糕點主廚

焦糖馬卡龍

彩圖在第42頁

材料（直徑約3.5cm、約240個份）

馬卡龍麵糊

杏仁粉（加州產）…424g
杏仁粉（Marcona種）…106g
糖粉…450g
蛋白…210g
義式蛋白霜
├ 蛋白…240g
├ 食用色素（紅、黃色）…適量
├ 水…100g
└ 白砂糖…530g

焦糖奶油餡

鮮奶油（乳脂肪成分35%）…57g
水…100g
水飴…310g
白砂糖…440g
蜂蜜（義大利產）…310g
鹽（法國給宏德產）…6g
煉乳…80g
無鹽奶油…170g

作法

馬卡龍麵糊

1. 將糖粉和2種杏仁粉過篩混合，加入蛋白混合。
2. 製作義式蛋白霜。蛋白打散，加入食用色素開始攪打發泡。同時，在鍋裡放入水和白砂糖加熱，製作119℃的糖漿。在蛋白中一面慢慢加入糖漿，一面繼續打發。直到糖漿全部加完，蛋白霜充分打發到尖端能豎起的程度。
3. 在1中分3～4次加入義式蛋白霜，用刮板如同整合氣泡般混合。直到麵糊泛出光澤，刮板拿起約30cm時，麵糊會流暢滴落的狀態。

   > **Point** 蛋白霜的氣泡，溫度約在40℃時最穩定，所以混合麵糊時，蛋白霜的溫度基本上約保持在40℃。太熱的話，麵糊會結塊，這點請留意。

4. 在烤盤上鋪上烤焙紙，以10號擠花嘴將麵糊擠成直徑3cm的圓形，擠完1列後將烤盤敲擊工作台，確認麵糊的狀態。若狀態很好，直接繼續擠，再敲擊烤盤調整麵糊的形狀和厚度。

   > **Point** 烤盤經過敲擊後，麵糊還會留下些許擠製的痕跡，這是麵糊最佳的狀態。如果敲擊後擠製的痕跡消失，烘烤後麵糊會扁塌，馬卡龍會變得扁平。

5. 靜置一會兒，等用手指輕觸麵糊表面，麵糊表面已乾到不黏手時即可。
6. 放入已預熱138℃的烤箱中約烤8分鐘，然後將烤盤前後調換，再烤4分鐘。
7. 在另一個烤盤上噴水，馬卡龍連同烤焙紙一起移到新烤盤中。之後，連紙一起放到涼架上，等涼了之後再將馬卡龍從紙上撕下來。

   > **Point** 烤焙紙的下方弄濕後，馬卡龍較容易從紙上剝下。

焦糖奶油餡

1. 將鮮奶油煮沸。在另一個鍋裡放入水、水飴、白砂糖和蜂蜜，熬煮至165℃。
2. 在熱煮好的糖類中，加入鮮奶油、鹽和煉乳，一煮開後即熄火。加入奶油混合均勻。

完成

在馬卡龍中擠入焦糖鮮奶油，蓋上另一片馬卡龍夾住，立刻放入冷凍庫中。

> **Point** 馬卡龍急速冷凍，能凝縮杏仁的味道，馬卡龍的狀態也更穩定。

馬卡龍
表面具有光澤、口感酥鬆，裡面濕潤，馬卡龍的背面（接觸烤盤那面）烘烤熟後已上色，所以單吃馬卡龍也很美味。

焦糖奶油餡
其中加入義大利產蜂蜜，更添濃郁與圓潤美味，還利用「給宏德」產的鹽，來增加焦糖鮮奶油的風味層次。為了和馬卡龍取得平衡，奶油餡的甜味、香味、酸味和苦味都予以加強。

D'eux Pâtisserie-Café
ドゥー・パティスリー・カフェ

菅又亮輔　糕點主廚

經典馬卡龍

彩圖在第44頁

材料（直徑約3.5〜4cm、約100個份）

馬卡龍麵糊

杏仁粉…500g
糖粉…500g
蛋白…190g
白砂糖…60g
義式蛋白霜
　蛋白…180g
　食用色素（黃、紅）…各適量
　水…150g
　白砂糖…500g

巧克力醬

牛奶巧克力…500g
鮮奶油（乳脂肪成分45%）…450g

香煎香蕉

香蕉（成熟）…550g
檸檬汁…25g
白砂糖…30g
無鹽奶油…10g

完成

鹹巧克力片…適量

作法

馬卡龍麵糊

1. 將糖粉和杏仁粉過篩混合。
2. 在蛋白中加入白砂糖混勻融合，一面慢慢加入1，一面充分混拌均勻。
3. 製作義式蛋白霜。蛋白打散，加入食用色素，開始攪打發泡。同時，在鍋裡放入水和白砂糖加熱，熬煮到116℃製成糖漿。在發泡蛋白中，一面慢慢加入糖漿，一面繼續打發。直到糖漿全部加完，蛋白霜充分打發到尖端能豎起的程度。

   > **Point**　蛋白霜充分打發至能豎起的硬度，馬卡龍烘烤後不會扁塌。

4. 在3的義式蛋白霜中加入2，用刮板混合。

   > **Point**　比起混合，攪拌的方式更能調整麵糊的氣泡，等於是調整馬卡龍的質地。攪拌的標準是，麵糊泛出光澤，刮板上舉，麵糊會迅速滴落的狀態。

5. 在烤盤上鋪上烤焙紙，用10號圓形擠花嘴擠出直徑約3cm的圓形，將烤盤敲擊工作台，以去除多餘的氣泡。
6. 將烤盤放在風不會直接吹到的地方，等麵糊乾到用手輕觸表面，不會沾手就行了。

   > **Point**　烘烤前讓它變乾，在麵糊表面能形成馬卡龍特有的堅硬皮膜。

7. 將烤盤放入已預熱155℃的對流式烤箱中，烘烤13分鐘。
8. 取出後，馬卡龍連著烤盤紙一起冷卻，涼了之後撕掉紙。

巧克力醬

1. 將牛奶巧克力切碎，放入鋼盆中。
2. 鮮奶油煮沸，倒入1的巧克力中。為避免含入空氣，用抹刀慢慢混合，充分混拌均勻變細滑後，冷卻到適合擠出的硬度。

香煎香蕉

1. 將香蕉切成1cm厚的圓片。
2. 在平底鍋中放入1的香蕉，加入檸檬汁、白砂糖和奶油，香煎到香蕉的中心熟透。

完成

在馬卡龍麵糊中擠入巧克力醬，中央放上適量的香煎香蕉，撒上鹹巧克力片，再蓋上另一片馬卡龍夾住。

馬卡龍

稍微凹凸不平的表面，吃起來更具鬆酥的口感，這是以義式蛋白霜製作的馬卡龍。

巧克力醬

巧克力醬中，還組合香煎香蕉和鹹巧克力片。該店馬卡龍的最大特色是餡料很厚，不只有巧克力醬，主廚還會組合香煎水果、果醬和堅果等。

chez NOGUCHI
シェ ノグチ

野口守 主廚

玫瑰馬卡龍

彩圖在第46頁

材料（直徑4cm、120個份）

馬卡龍麵糊

杏仁粉（美國產）…600g
糖粉…375g
蛋白…160g
玫瑰香精…25g
玫瑰花（乾燥粉末）…適量
義式蛋白霜
　蛋白…185g
　白砂糖…600g
　水…150g
　食用色素（紅）…適量
玫瑰花（以150℃烘乾4～6分鐘）…20個

奶油醬

白砂糖…150g
水…45ml
蛋黃…3個份
香草莢（馬達加斯加產）…1根
無鹽奶油…400g
玫瑰香精…0.2g
玫瑰粉末…0.2g

作法

馬卡龍麵糊

1. 將杏仁粉和糖粉放入食物調理機中攪打。等散發出香味後，加入已回到常溫的蛋白、玫瑰粉末和玫瑰香精，混合成糊狀。

   Point 主廚使用甜味清爽的美國產杏仁粉。但它的香味較淡，所以用食物調理機攪打，以提引出它的香味後再使用。

2. 製作義式蛋白霜。蛋白用攪拌器以低速攪打發泡。蛋白打散變得泛白，開始發泡後轉成中速攪打。同時，在另一個鍋裡放入白砂糖和水加熱，熬煮到118℃製成糖漿。一面將糖漿慢慢倒入已打發的蛋白中，一面再用高速攪打發泡。等溫度降到40℃時，蛋白霜已呈六分發泡狀態時，加入已調水融化的食用色素，攪打到色澤均勻為止。

   Point 主廚目標是讓馬卡龍具有「最中（Monaka）（譯註：日式傳統米製和菓子）」的口感，因為要讓裡面稍微有點黏稠的口感，義式蛋白霜中，使用了許多白砂糖。但是，為了不讓甜味太濃重膩口，主廚以1的杏仁糖粉來減少糖粉用量，並採用甜味清爽的杏仁粉。

3. 在1中加入半量的2的義式蛋白霜，用木匙混合攪拌。再加入剩餘的蛋白霜，改用刮板如同從鋼盆底向上舀取，再讓麵糊滴落，刮板的重量會溫和搗碎氣泡。混合到蛋白霜泛出光澤為止。

   Point 該店理想中的馬卡龍，希望像「最中Monaka）」那樣，杏仁馬卡龍兼具酥鬆與黏稠的對比口感，所以搗碎氣泡的作業要留下70%～80%氣泡。這時蛋白霜還相當硬，不過是OK的。因為蛋白霜的甜度很高，最後用刮板混合時，傳達到手的感覺是一種緊繃感。

4. 在烤盤上鋪上烤焙墊，用直徑10mm的圓形擠花嘴，將麵糊擠成直徑約3.5cm的圓形。放置讓它乾燥2～3分鐘，然後將預先乾燥的1片玫瑰花瓣放在馬卡龍的中央。

5. 在擠好馬卡龍的烤盤下方，再疊上1片倒叩的烤盤來墊高高度，然後放入已預熱好的平底箱型烤箱中。以上火170℃、下火170℃來烘烤。

   Point 以倒叩的烤盤來墊高底部，一面讓馬卡龍表面變乾，一面烘烤，這樣底部才會柔和的加熱。

6. 等馬卡龍出現蕾絲裙（pied），打開調節閘排除蒸氣，然後將上火調降成130℃。這樣馬卡龍麵糊連同蕾絲裙一起膨脹隆起後，會再次落下觸底，然後又再度膨脹，當麵糊上下膨脹得有距離時，拿掉墊在下面倒叩的烤盤，再烤1分鐘。從烤箱取出後，讓它冷卻。烘烤時間合計約14分鐘。

7. 等馬卡龍變涼後，倒叩拿掉烤焙墊，在內側中央用手指壓凹。

奶油醬

1. 從150g白砂糖中約取15g放入鋼盆中，加入從香草莢中刮出種子和蛋黃，充分混合攪拌，混拌成泛白的乳脂狀。

   Point 充分混合成乳脂狀後，砂糖能抑止蛋黃變性，對蛋黃來說，即使之後加入熱糖漿，熱度已變得較為柔和，這樣蛋黃會比較不易凝固。

2. 將水和剩餘的白砂糖加熱製成糖漿，加熱至120℃為止。

3. 用攪拌器一面攪拌1，一面慢慢加入2，將奶油醬充分攪打發泡，讓溫度升至78℃～82℃為止。

   Point 溫度升至82℃為止，對蛋具有殺菌作用，食用起來更安全。依據季節和室溫的不同，即使加入120℃的糖漿，溫度也無法達到82℃時，就要採取隔水加熱的方式，讓溫度達到82℃。

4. 加入置於常溫下已回軟的奶油，以低速攪打，等攪打出光澤，加入完成用的玫瑰粉末和玫瑰精混合。

完成

在已經涼了的馬卡龍上擠上4g的奶油醬，再蓋1片馬卡龍夾住餡料，立刻放入−30℃的冷凍庫中冷凍3分鐘。

   Point 冷凍會使馬卡龍的表面溫度產生變化，釋出水分，這樣能夠凝結糖分，使表面泛出光澤。

麵糊
就像「最中（Monaka）」這種和菓子一樣，除了蛋白霜外，主廚還很重視杏仁馬卡龍的酥鬆和柔軟的對比口感。綿柔的口感，是增加義式蛋白霜的糖分所形成。特色是呈現黏稠、濕潤的口感。

奶油醬
這是使用蛋黃製成的蛋黃奶油醬。加入玫瑰精和玫瑰粉末能增加芳醇的香味，連蛋黃風味也變得更濃郁。玫瑰精也是嚴選市面上最近天然風味的產品。

Pâtisserie KOTOBUKI
パティスリー　コトブキ

上村 希　主廚

抹茶馬卡龍

彩圖在第48頁

材料（直徑4.5cm、約100個份）

馬卡龍麵糊

糖粉…745g
抹茶…12g
杏仁粉（加州產）…655g
法式蛋白霜
　蛋白…560g
　白砂糖…445g

奶油餡

奶油醬（從成品中取500g使用）
　水…180g
　白砂糖…540g
　蛋白…270g
　無鹽奶油…1850g
紅豆餡…500g

作法

馬卡龍麵糊

1. 以細目篩網將糖粉和抹茶篩過，混合杏仁粉，再以粗目篩網篩過。

   > **Point** 抹茶很容易結成顆粒，要和糖粉一起事先篩過。

2. 在攪拌盆中放入蛋白和白砂糖，以高速攪打讓它充分發泡。

   > **Point** 攪打到蛋白霜發泡變得黏稠，拿起攪拌器蛋白霜不會滴落的硬度。因為用了很多的白砂糖，打發至此蛋白霜也不會乾濕不均，可製作出氣泡輕柔的馬卡龍麵糊。

3. 將2從攪拌機上取上，一口氣加入1中，用橡皮刮刀混合整體。至此，如果還殘留抹茶色的蛋白霜，形成大理石紋理也沒關係。

4. 整體大致混合後，改用刮板，先將沾附在盆邊的麵糊都刮下來，以便能充分混合。用刮板將麵糊從底部向上舀取一般來混合，等到麵糊泛出光澤就完成了。

   > **Point** 不是以「壓碎氣泡」的傳統壓拌混合麵糊（Macaronnage）的方式來攪拌，而是像要揉合麵糊整體一般來使用刮板。用刮板將麵糊向上舀取一般，這樣舀拌的速度要逐漸加快，直到快要完全混合時先暫停。擠製時麵糊最佳狀態是要有點稀軟。用此法來混合能完成最佳狀態的麵糊，進而烘烤出口感非常鬆棉、輕軟的馬卡龍。

5. 在鋪了烤焙紙的烤盤上，用10號圓形擠花嘴將4的麵糊擠成直徑4.5cm大小的圓形。擠好後拿起烤盤，將底部輕敲工作台。若有太小的麵糊，可趁此機會補足，讓整體變成平均的大小。

   > **Point** 擠花嘴太小，花嘴會太細，這樣麵糊容易滴下來，要使用稍微大一點的擠花嘴。此外，敲擊烤盤為的是消除擠製時殘留的尖角，讓麵糊表面變得平滑漂亮。

6. 放在常溫下約30分鐘，讓表面變乾燥。

   > **Point** 用手指輕觸表面，表面要乾燥到形成一張膜的狀態，這樣才能烤出漂亮的蕾絲裙。濕度高麵糊不易變乾時，將烤盤放在涼架的上面，讓它儘速變乾。

7. 將烤盤放入已預熱130℃的對流式烤箱中烘烤15分鐘。在烤的過程中，將烤箱門打開數次讓蒸氣散發，烤好後靜置冷卻。

   > **Point** 開始烘烤時，不要移動烤盤。因為一動烤盤，好不容易烤到隆起的麵糊會變得扁塌。

奶油餡

1. 製作奶油餡。在鍋裡放入水和白砂糖熬煮到118℃，倒入充分打發的蛋白中製成蛋白霜，等溫度降低，加入已回溫攪拌成乳脂狀的奶油中，將它攪打發泡。

2. 將1的奶油醬和紅豆餡放入攪拌機中，充分攪打發泡。

   > **Point** 攪打到紅豆餡碎軟，稍微殘留顆粒的狀態。

完成

用拇指將所有馬卡龍的中央底部都按壓出凹槽。在凹陷處擠入大量的奶油餡，再用另一片有凹槽的馬卡龍麵糊蓋上夾住餡料。

   > **Point** 因為要擠入大量的奶油餡，所以馬卡龍中央要壓出凹槽。

馬卡龍
這是混入抹茶，以法式蛋白霜製作的馬卡龍。利用不將氣泡壓碎的混拌法來混合麵糊，完成後馬卡龍呈現非常酥鬆輕柔的口感。

奶油餡
這是在奶油醬中加入紅豆餡攪打發泡而成的和風奶油醬。紅豆餡軟適中的口感，讓人明確感受到餡料的美味。在紅豆餡的作用下，讓奶油醬吃起來非常的爽口。

pâtisserie quai montebello
パティスリー ケ・モンテベロ

橋本太 主廚

檸檬馬卡龍

彩圖在第50頁

材料（直徑4.5cm、90個份）

馬卡龍麵糊

杏仁膏
　杏仁粉（瓦倫西瓦產）⋯375g
　糖粉⋯375g
　蛋白⋯125g
義式蛋白霜
　蛋白⋯145g
　白砂糖⋯375g
　水⋯100g
　食用色素（黃色）⋯以湯匙反面舀2匙的程度

檸檬奶油餡（110個份）

檸檬汁⋯400g
檸檬皮⋯1.5個份
無鹽發酵奶油⋯300g
白砂糖⋯520g
全蛋⋯6個
無鹽發酵奶油（完成用）⋯150g

作法

馬卡龍麵糊

1. 在鋼盆中將杏仁粉和糖粉以等比例混合，以篩網過濾。加入已回至常溫的蛋白，用木匙攪拌混合成較硬的狀態。

　Point　攪拌杏仁糖粉和蛋白時，要充分攪拌直到沒有粉末顆粒，讓粉類徹底吸收水分為止，大約要攪拌30～40次左右。以此方式製成的杏仁膏，所含的水分不易被烤乾，製作出的馬卡龍才會有濕潤的口感。

2. 製作義式蛋白霜。攪拌器轉中速，將蛋白攪打發泡。同時，在另一個鍋裡放入白砂糖、食用色素和水，熬煮到118℃（冬季）～121℃（夏季），讓水分散發製成糖漿。蛋白攪打到白色繫帶已斷，蛋白霜發泡隆起後，一面慢慢加入糖漿，一面轉成高速，繼續攪打發泡。等糖漿混入整體中，蛋白快要完全打發之前，再將攪拌器轉成中速，攪打到溫度降至35℃～40℃為止即可。

　Point　使用約放置3天左右，不會太過水樣化的蛋白，製作的穩定性越高，而且越容易達到馬卡龍所需的蓬鬆度。如果蛋白還保留一些彈性，雖然比較不易打發，但優點是成品的穩定性高。也就是說，氣泡穩定，容易徹底進行壓拌混合麵糊的作業，而且加入已染色的糖漿，充分混合以便讓色澤均勻時，氣泡也不會過度破滅，這樣烤出來的馬卡龍扁塌的風險就大幅降低。該店為了完成理想的輕柔口感，製作的重點訣竅是將溫度降至35～40℃。

3. 在1的杏仁膏中加入1/8的2的義式蛋白霜。如同將硬杏仁膏以蛋白霜軟化一般，用木匙來攪拌混合。再分3次加入剩餘的蛋白霜，最後1次將木匙改為刮板，如同從鋼盆底舀取一般來混合，以整合破滅的蛋白泡沫。

　Point　混合的標準是，麵糊泛出光澤，達到從上往下滴落會呈細柔的綢緞狀，麵糊表面會略微殘留如絲緞般的痕跡的硬度。

4. 用錐子在烤焙墊上鑽孔，鋪在網狀烤盤上，用8號的圓形擠花嘴，將麵糊擠成直徑約3cm的圓形，放置約10多分鐘讓它乾燥，等到用手指觸摸麵糊不會沾指之後，移到烤箱中。

　Point　因為以低溫烘烤，下火火力不足，所以使用網狀烤盤，讓下方也能均勻受熱。

5. 烤箱預熱至140～145℃，放入145℃的對流式烤箱中約烤10分鐘。熄火後，直接放在烤箱中2～4分鐘，再從烤箱中取出放在涼架上讓它變涼。

　Point　熄火時，麵糊本身還有熱度，能夠繼續慢慢的讓裡面加熱。烤好後馬卡龍裡面會呈現略有烤色的狀態。如果沒有烤色，表示裡面還是半熟的狀態。

6. 馬卡龍變涼後，拿掉烤焙墊，用手指在內側中央壓出凹槽，以利擠入奶油餡。

檸檬奶油餡

1. 在鍋裡放入檸檬汁、檸檬皮和奶油，以中火加熱。

2. 在鋼盆中放入全蛋和白砂糖，一面打散全蛋，一面輕輕攪拌混合。

3. 當1煮開後，為避免讓蛋過度加熱，只將1/4的1加入2中，混勻後再加入剩餘的，以小火熬煮，大約熬煮10～15分鐘。

4. 若3的透明度增加，就放入冰水中隔水冷卻，讓溫度降到30℃。再加入攪打成乳脂狀的奶油，讓奶油餡的硬度稍微濃縮凝結。

完成

在馬卡龍中擠入10g～20g的檸檬奶油餡，用另一片馬卡龍覆蓋夾住。放入4℃的冷藏庫中冷藏20分鐘，再放入－20℃的冷凍庫中，以便讓奶油餡凝固。販售時放在冷藏庫解凍，4天～1週的期間內賣完。

　Point　冷藏20分鐘，是讓擠在不同溫度的馬卡龍中的奶油餡凝固的大致時間。若冷藏20分鐘以上會開始結霜，因而奶油餡變涼後，要立刻換到冷凍庫中。如果結霜，馬卡龍容易變色。

馬卡龍
主廚很重視讓蛋白霜和杏仁麵糊融為一體，呈現柔軟、濕潤的口感。馬卡龍中因為要擠入大量的奶油餡，所以特色是外觀烘烤成略微平坦的盒形。

檸檬奶油餡
這是以奶油餡為主的馬卡龍，主廚希望顧客能充分品嚐奶油餡的美味，因此在裡面擠入10g～20g滿滿的奶油餡。檸檬奶油餡透過熬煮檸檬汁，使酸味更加濃縮。酸味使甜味更加突顯，糖分使奶油餡變得更美味。

PASTICCERIA **ISOO**
パスティッチェリア イソオ

磯尾直壽 店主兼糕點主廚

咖啡馬卡龍

彩圖在第52頁

材料（直徑約3cm、約160個份）

馬卡龍麵糊

杏仁粉（加州產）…250g
糖粉…450g
咖啡粉（義式）…30g
法式蛋白霜
　蛋白…240g
　乾燥蛋白…4g
　白砂糖…120g

咖啡風味巧克力醬

牛奶巧克力
（法芙娜公司「塔那里瓦牛奶巧克力（Tanariva Lacte）」）…200g
鮮奶油（乳脂肪成分35%）…200g
咖啡粉（義式）…10g

作法

馬卡龍麵糊

1. 將杏仁粉、糖粉和咖啡粉一起過篩混合。
2. 同時打發蛋白霜。在攪拌盆中放入蛋白，用手握式電動攪拌器攪打破壞蛋白的彈性。再放入一部分已事先混合乾燥蛋白的白砂糖，以中低速攪打發泡。

> **Point** 加入乾燥蛋白，使蛋白的濃度（糖度）增加，就能完成穩定性佳、發泡變硬的蛋白霜。但是如果加太多，水分會不夠，這點請留意。因為乾燥蛋白容易形成顆粒，所以要預先混入白砂糖再使用。

3. 一面分3～4次加入白砂糖，一面攪打發泡，最後以低速攪打發泡，攪打到蛋白霜完全發泡的狀態。
4. 在1中一面分3～4次加入蛋白霜，一面用刮板如切割般混合，等麵糊泛出光澤，混拌到刮板往上舉會流下的硬度。

> **Point** 加入可可、咖啡的麵糊會迅速變軟，所以要儘量少混合（壓拌混合麵糊）。

5. 在烤盤上重疊2片矽膠烤盤墊，以5號擠花嘴將麵糊擠成直徑約2.5cm的圓形。

> **Point** 下面的火力太強，麵糊會龜裂，但是重疊2片烤盤火力又難以烤透麵糊，所以鋪上2片矽膠烤盤墊。

6. 麵糊放在常溫下約10～15分鐘，乾燥到用手指輕觸麵糊不會沾手的狀態時，放入已預熱140℃的對流式烤箱中烘烤10～12分鐘。熄火冷卻，等馬卡龍涼了之後再從矽膠烤盤墊上取下。

> **Point** 因室溫和濕度不同，表面乾燥時間需加以調整。若太乾的話，會造成表面變小、蕾絲裙變大的情形，這點請留意。

咖啡風味巧克力醬

1. 牛奶巧克力切碎，放入鋼盆中。
2. 在鍋裡放入鮮奶油和咖啡煮沸，倒入1的巧克力中。
3. 用抹刀慢慢混合，以免混入空氣，混拌到充分融合巧克力醬變得細滑為止。

完成

在馬卡龍中擠入巧克力醬，蓋上另一片馬卡龍夾住，放入冷藏庫中10～15分鐘，等巧克力醬凝固後裝入塑膠袋中。

> **Point** 巧克力醬完成後還很柔軟，放入冰箱冷藏後，才比較凝固穩定。

馬卡龍

表面和麵糊之間沒有空洞，特色是表面口感鬆脆，裡面輕綿。主廚用咖啡讓馬卡龍增加顏色和風味時，因為甜味較重會比較美味，所以配方中的砂糖分量用得稍微多一些。

咖啡風味巧克力醬

經過多次嘗試，主廚認為用巧克力醬搭配馬卡龍會更美味。餡料中使用焦糖風味的塔那里瓦牛奶巧克力。它能突顯義式咖啡的香味和苦味，品嚐後讓人留下深刻的印象。

Le Cœur Pur
ル・クール・ピュー

鈴木芳男　店主兼主廚

甜椒馬卡龍

彩圖在第54頁

材料（直徑4.5cm、約60個份）

紅椒馬卡龍麵糊

糖粉…250g
杏仁粉（加州產）…250g
蛋白…90g
紅椒泥（用小火熬煮到只剩40g）…300g
義式蛋白霜
　水…80g
　白砂糖…250g
　蛋白…90g
　乾燥蛋白…適量

餡料

紅椒泥…250g
白砂糖…125g
檸檬汁…10～15ml
綠橄欖…50g

作法

馬卡龍麵糊

1. 將糖粉和杏仁粉混合過篩，加入打散的蛋白中混合。

   Point　蔬菜的風味很重要，為了不讓杏仁粉的味道太強，使用加州產的杏仁粉。

2. 在1中加入紅椒泥，再充分混合。

   Point　紅椒泥經過熬煮讓水分充分蒸發。不熬煮的話，和蛋白霜混合時易弄破氣泡，影響烘烤的狀況。

3. 與1和2同時，製作義式蛋白霜。在鍋裡放入白砂糖和水，開火加熱煮到118℃，製成糖漿。另一方面，用攪拌器將蛋白和乾燥蛋白攪打發泡，加入118℃的糖漿後，再用攪拌器充分攪打發泡。

4. 在2中慢慢加入少量3的義式蛋白霜，用刮刀混合。混合後加入剩餘的義式蛋白霜，再混拌到變得細滑。

   Point　混拌到義式蛋白霜不會豎立尖角的狀態。

5. 在鋪好烤焙紙的烤盤上，用9號圓形擠花嘴將4的麵糊擠成直徑3cm的圓形。烤盤敲擊工作台後，置於常溫中讓它乾燥15～20分鐘。

   Point　用手指觸摸麵糊，要乾燥到不會沾手。放置時間需視當天的氣候來調整長短。

6. 放入已預熱210℃的烤箱中約烤5分鐘，等蕾絲裙出現後，溫度降至150～160℃，再烘烤10分鐘。

餡料

1. 在鍋裡放入紅椒泥和白砂糖，擠入檸檬汁，以小火慢慢熬煮到剩一半的量。

2. 綠橄欖細細切碎，在1快要離火之前加入混合，然後冷卻備用。

完成

將餡料裝入擠花袋中，在馬卡龍的中央用圓形擠花嘴，呈螺旋狀擠出5g的餡料。再蓋上1片夾住餡料。

   Point　因為餡料分量要很平均，所以不用刮刀而使用擠花袋，擠3mm厚。

馬卡龍
這是在蛋白霜中混入慢慢熬煮的紅椒泥的蔬菜馬卡龍。特色是不使用任何色粉，只利用紅椒具有的天然色澤。

餡料
餡料也是使用紅椒泥的蔬菜醬，其中混入切碎的綠橄欖，以增加鹹度和口感的重點。

猿館英明 店主兼主廚

葡萄夾心馬卡龍

彩圖在第56頁

材料（直徑3.5～4cm、約100個份）

馬卡龍麵糊

糖粉…250g
杏仁粉（西班牙產Marcona種）…125g
杏仁粉（加州產）…125g
蛋白…110g
義式蛋白霜
　蛋白…110g
　乾燥蛋白…適量
　水（礦泉水）…75g
　白砂糖…300g
皇家脆片（royaltine）…適量

奶油醬

水（礦泉水）…62g
香草莢（馬達加斯加產）…1/2根
白砂糖…50g
蛋黃…62g
無鹽奶油…156g

酒煮葡萄乾

焦糖
　水（礦泉水）…50g
　白砂糖…50g
葡萄乾…100g
白砂糖…50g
蘭姆酒…10g

作法

馬卡龍麵糊

1. 將2種杏仁粉和糖粉用食物調理攪碎混合，製成杏仁糖粉。

   Point 攪碎混合能突顯杏仁的香味，混合糖粉後，杏仁所含的油脂較不易釋出。

2. 在鋼盆中放入蛋白隔水加熱，一面用橡皮刮刀混合，一面慢慢加入1。再次隔水加熱插入溫度計，攪拌混合到快要40℃為止。

3. 製作義式蛋白霜。用攪拌機將蛋白和乾燥蛋白攪打發泡（為調整蛋白的濃度才加入乾燥蛋白，所以要視蛋白的濃度狀態來調整分量）。同時，白砂糖和水開火加熱，製成糖漿。糖漿溫度升至121℃時，將攪拌器的轉數增加，一面放入糖漿，一面將它充分攪打發泡。放入最後的糖漿後，轉低速攪打（因為要讓蛋白霜變得極細緻）。溫度降到60℃時停止攪打。

4. 在2中加入1/3量的3的義式蛋白霜，用橡皮刮刀充分混合。混合後加入剩餘的蛋白霜，一面混合，一面讓氣泡適度破滅。

   Point 從盆底將蛋白霜往上舀，再如切割般大幅度混拌。混拌的標準是蛋白霜從上往下滑落，能像綢緞一般，表面不會殘留痕跡的程度。

5. 在鋪了矽利康紙的烤盤上，用7號圓形擠花嘴將4擠成直徑3cm大小的圓形。撒上皇家脆片，放在常溫下約20～30分鐘，讓它表面乾燥。

   Point 乾燥的時間長短，以麵糊表面產生薄膜，用指觸摸不會沾上麵糊為標準。乾燥時間若太短，表面會龜裂，若太長則會褪色，這點需注意。

6. 放入已預熱155℃的對流式烤箱中烘烤15分鐘，取出冷卻後，放入冷凍庫一天，再放入冷藏庫1天。

   Point 放在冷凍庫和冷藏庫各一天，馬卡龍能產生濕氣，口感變得較柔軟。

奶油醬

1. 將水和已經從中刮出種子的香草莢放入鍋中煮沸，加入白砂糖和蛋黃已攪拌混合的鍋中，再混合。開火加熱，一面攪拌，一面讓溫度升至85℃，煮成英式蛋奶醬。

2. 一面過濾1，一面移入鋼盆中，底下放冰水隔水降溫，一面混合，一面讓溫度降至35℃左右。

3. 將奶油攪打成稍硬的膏狀，加入2中用打蛋器攪打發泡。

酒煮葡萄乾

1. 製作焦糖。白砂糖開火加熱煮焦，再加入沸水。

2. 將水洗過的葡萄乾放入1中煮沸，加入白砂糖，以小火慢慢煮到葡萄乾變柔為止。

3. 等2涼了之後，加入蘭姆酒混合。

完成

使用抹刀，在馬卡龍上塗上奶油醬，讓奶油醬呈半圓形的狀態。在中央隆起的部分，放上4～5粒的葡萄乾，再蓋上一片馬卡龍夾住。

Point 為避免葡萄乾的煮汁從邊端溢出，葡萄乾要放在中央。

馬卡龍
其中使用西班牙產Marcona種和加州產的2種杏仁粉。並以穩定性佳的義式蛋白霜來製作均勻的麵糊。

奶油醬
奶油醬攪打完成後，十分輕柔蓬鬆。中央還放上4～5顆以焦糖熬煮、蘭姆酒醃漬過的葡萄乾，包夾在馬卡龍中。

Pâtisserie **Caterina**
パティスリー　カテリーナ

播田修 糕點主廚

起司馬卡龍

彩圖在第58頁

材料（直徑約3.5～4cm、約84個份）

馬卡龍麵糊

杏仁粉（Marcona種磨粗粒）…125g
杏仁粉（加州產）…125g
白砂糖…150g
糖粉…100g
蛋白…88g
義式蛋白霜
 蛋白…90g
 食用色素（黃色）…適量
 水…57g
 白砂糖…250g
食用色素（紅、黃）…適量

起司巧克力醬

鮮奶…150g
奶油乳酪（Rugahru）…140g
白巧克力（貝可拉（Belcolade）公司）…300g
無鹽發酵奶油…65g
轉化糖…20g
檸檬汁…15g

自製水果蜜餞A種

柑橘皮…500g
白砂糖…500g
海藻糖…200g
水…500g

自製水果蜜餞B種

柑橘類以外的當季水果（喜愛的）…500g
白砂糖…800g
水…1kg

馬卡龍

主廚將加州產，以及油脂更多，可讓馬卡龍口感更濕潤的西班牙產Marcona種2種杏仁粉混合，使馬卡龍的風味更均衡協調。為了達到表面酥脆、口感輕軟的理想口感，粗碾的Marcona種杏仁粉，還要多加一道碾碎的作業。

起司巧克力醬

餡料中使用法國不列塔尼產的「Rugahru」奶油乳酪，它的乳脂肪成分高、味道香濃、有柔和的酸味。發酵奶油能襯托起司的醇厚鮮味，為了突顯起司的風味所混合的自製蜜餞，隨著不同的季節，種類多少有些不同，能讓顧客充分享受不同風味的樂趣。

作法

馬卡龍麵糊

1. 將杏仁粉和白砂糖以食物調理機攪拌混合。

   Point 用食物調理機攪拌將Marcona種杏仁粉攪細的同時，在攪碎過程中，杏仁的香味也能轉移到砂糖中。使用白砂糖能產生獨特的口感。

2. 在1中加入篩過的糖粉和蛋白，再用食物調理機混合。

3. 製作義式蛋白霜。在蛋白加入黃色食用色素攪打發泡。同時，在鍋裡放入水和白砂糖加熱到118℃，製成糖漿。在攪打發泡的蛋白中，一面慢慢加入糖漿，一面攪打發泡。等加入所有糖漿後，充分攪打讓蛋白霜發泡成尖端能豎起的程度。

4. 在2中分3～4次加入義式蛋白霜，一面用刮板如同壓碎氣泡般混拌，一面調整麵糊的密度。混合到麵糊舀起後，會流暢的滑落的狀態。

   Point 一面混合，一面調整空氣的量，讓麵糊的密度（氣泡）達到適中的狀態。

5. 在烤盤上鋪上矽膠烤盤墊，用直徑1cm的擠花嘴，將麵糊擠成直徑3cm的圓形，用烤盤敲擊工作台，讓麵糊變薄。在噴槍中放入紅、黃色食用色素混合成的橘色，仔細的噴在麵糊周圍做為裝飾。

   Point 因為麵糊中沒加入麵粉，所以沒有支撐力，若不讓它薄一點，烘烤時裡面會產生空洞。為避免這種情況，要將烤盤敲擊工作台，讓麵糊釋出多餘的空氣。

6. 在常溫下約放置30分鐘，用手指輕觸，表面要乾到麵糊不會沾手。

7. 放入已預熱200℃的平底箱型烤箱中約烤5分半鐘，再換到150℃的箱型烤箱中再烤5～6分鐘。取出冷卻，涼了之後將馬卡龍從矽膠烤盤墊上取下。

起司巧克力醬

1. 在鍋裡放入鮮奶和奶油乳酪煮沸，在鋼盆中倒入白巧克力，用手握式電動攪拌器混合，讓它均勻乳化。

2. 等乳化變細滑，溫度降至40℃時，加入攪打成乳脂狀的奶油和轉化糖混合均勻，使其融合。

3. 等溫度降至35℃時，加入檸檬汁混合。

自製水果蜜餞A種

1. 將柳橙、檸檬等柑橘類的皮充分洗淨，用熱水汆燙3次。

2. 將白砂糖、海藻糖和水煮沸製成糖漿，放入濾乾水的1後加蓋，約燜煮1小時～1個半小時，熄火直接冷卻。

   Point 加入海藻糖能控制甜味，並突顯水果的風味與香味。

自製水果蜜餞B種

1. 將水果類的表皮充分洗淨，用餐巾紙擦乾水分，以竹籤在數個地方刺洞。

2. 在煮沸白砂糖和水的熱糖漿中，放入1浸泡。

3. 數天後暫時取出水果，熬煮糖漿使甜度升高，再放入水果浸漬。同樣的作業反覆進行3～4次，最後讓甜度達到70～75%。

   Point 將水果浸泡在熬煮後甜度升高的熱糖漿中，慢慢讓高甜度的糖液，滲入水果中，讓水果的水分轉換成糖液，就能成為水嫩甜美的水果蜜餞。

完成

沿著圓形馬卡龍周邊擠上起司巧克力醬，在中心放上2種適量的蜜餞，再蓋一片馬卡龍夾住內餡。

杉山 茂　店主兼主廚

黃豆粉馬卡龍

彩圖在第60頁

材料（直徑3.5cm、約80個份）

馬卡龍麵糊

杏仁粉（加州產）…340g
糖粉…300g
黃豆粉…40g
蛋白…112g
義式蛋白霜
  蛋白…124g
  水…120g
  白砂糖…320g

黃豆鮮奶油風味的牛奶巧克力醬（約100個份）

黃豆粉…20g
鮮奶油（乳脂肪成分35％）…200g
轉化糖…40g
牛奶巧克力…280g

作法

馬卡龍麵糊

1. 將糖粉、杏仁粉和黃豆粉一起混合過篩備用。
   > **Point** 杏仁粉是使用大眾口味的美國加州產杏仁，而且都使用剛磨好的新鮮品。

2. 在攪拌盆中放入蛋白，一面一點一點慢慢加入1，一面用攪拌器混合攪拌。

3. 製作義式蛋白霜。用攪拌器將蛋白攪打發泡。同時，將白砂糖和水開火加熱，熬煮到117℃製成糖漿。蛋白攪打到五分發泡，一點一點慢慢加入糖漿，再充分攪打發泡。

4. 在2中一面分3次加入3的義式蛋白霜，一面用刮板混合。放入全部的蛋白霜之後，一面用刮板氣泡適度壓碎，一面混合。
   > **Point** 朝著鋼盆內側面用刮板如同碾壓一般，來進行壓拌混合麵糊的作業。由於是使用新鮮的蛋白，所以不同時候蛋白霜的狀態也會不同，要視情況以壓拌混合作業來調整麵糊的狀態。

5. 在鋪好烤焙紙的烤盤上，用8號圓形擠花嘴，將4的麵糊擠成直徑3.5cm大小的圓形，放在常溫約1小時，讓它表面乾燥。
   > **Point** 用手指輕觸表面，麵糊要充分乾燥到不會沾手為止，為了讓烘烤時表面呈現斑點花樣，該店花很長的時間，來讓麵糊充分乾燥。

6. 在烤盤下再重疊1片烤盤，放入上火175℃、下火160℃的烤箱中，約烤3分鐘，拿掉下面的烤盤再烤3分鐘，等出現蕾絲裙之後，關掉上火，再烤3～4分鐘。取出放在涼架上冷卻。
   > **Point** 主廚希望這種馬卡龍不要有烤色，呈現白色的色澤，所以上火比烤其他的馬卡龍還低5℃。

黃豆鮮奶油風味的牛奶巧克力醬

1. 在鋼盆中放入黃豆粉，一點一點慢慢加入冰鮮奶油調勻。
   > **Point** 黃豆粉很容易結成顆粒，最好事先用鮮奶油調勻備用。

2. 等1的黃豆粉融合後，移到鍋中，加入轉化糖煮沸。

3. 將牛奶巧克力隔水加熱煮融備用，一面一點一點慢慢加入2中，一面混合讓它乳化。

4. 在裝了圓形擠花嘴的擠花袋中放入3，再放入冰箱冷藏。

完成

在所有的馬卡龍中央，用拇指輕輕壓出凹槽。在凹槽部分擠上隆起的巧克力醬，蓋上另一片馬卡龍夾住餡料。
> **Point** 為了和口感綿密的馬卡龍保持平衡，要擠入大量的奶油餡。為避免奶油餡從馬卡龍溢出，先用手指把馬卡龍壓凹。

馬卡龍
麵糊中混入黃豆粉後，更添淡淡的清香。主廚希望製作出杏仁味不會太重，口感綿密、適合大眾口味的美味。

黃豆鮮奶油風味的牛奶巧克力醬
這是黃豆粉奶油醬和牛奶巧克力混合而成的巧克力醬。混合黃豆粉，使餡料的風味更為溫潤柔和。

三谷智惠 店主兼糕點主廚

巧克力馬卡龍

彩圖在第62頁

材料（直徑4.5cm、約24個份）

馬卡龍麵糊

杏仁粉（西班牙產Marcona種）⋯140g
可可粉⋯20g
糖粉⋯120g
義式蛋白霜
　蛋白⋯48g
　乾燥蛋白⋯2.5g
　水⋯32g
　白砂糖⋯96g
蛋白⋯48g
水⋯8g
香草精⋯2g

巧克力醬

黑巧克力⋯52g
鮮奶油（乳脂肪成分35％）⋯75g
水飴⋯7g
香草莢（馬達加斯加產）⋯少量
無鹽奶油⋯13g

作法

馬卡龍麵糊

1. 用粗目篩網過濾杏仁粉，以細目篩網過濾糖粉和可可粉，再將兩者混合，用攪拌器混合均勻。
2. 製作義式蛋白霜。在攪拌盆中放入蛋白，將乾燥蛋白一面過篩，一面加入其中以免結成粉粒，用手握式電動攪拌器開始攪打發泡。同時，將水和白砂糖開火加熱，熱煮到118℃製成糖漿。一面以高速攪打蛋白，一面如細絲般慢慢倒入糖漿。加入全部糖漿後轉中速，攪拌到蛋白霜變涼泛出光澤為止。

   > **Point** 糖漿熬煮到118℃，蛋白霜攪打到蓬鬆發泡後，就是混合兩者的好時機。如果是使用先做好放著的蛋白霜，這樣烤出的馬卡龍會受到很大的影響。

3. 在1的粉類中加入蛋白、水和香草精，用攪拌器充分混拌整體。
4. 在3中加入2的蛋白霜，用橡皮刮刀混合。中途一面壓碎蛋白霜的氣泡，一面混拌麵糊直到它產生黏性。

   > **Point** 最佳的狀態是用橡皮刮刀舀取麵糊，麵糊豎起的尖角會呈現慢慢倒下。如果攪拌過度，馬卡龍就不會有黏稠的口感。

5. 在鋪好烤焙紙的烤盤上，用直徑10mm的圓形擠花嘴，將4的麵糊擠成直徑4cm大小的圓形。擠好後將烤盤敲擊工作台，讓麵糊扁塌，直接放在常溫下約2個小時。

   > **Point** 等用手指輕觸麵糊，表面乾燥到形成薄膜，不會黏手後，就能烤出表面酥鬆的馬卡龍，即使烤出蕾絲裙，表面也不會龜裂。

6. 放入已預熱170℃的對流式烤箱中約烤11～13分鐘。中途烤盤前後對調，剩下1分鐘時打開烤箱門讓蒸氣散發。烤好後從烤箱取出，直接冷卻備用。

巧克力醬

1. 在鋼盆中放入切碎的巧克力，隔水加熱煮融。
2. 在鍋裡放入鮮奶油、水飴和香草莢開火加熱，煮沸後離火。
3. 在1中加入1/3量的2，用打蛋器最初先慢慢攪拌，再逐漸加快混拌使其乳化。每次再加入1/3量，慢慢加完剩餘的鮮奶油，讓材料充分乳化。

   > **Point** 一面分次加入鮮奶油，一面攪拌變細滑且充分乳化。中途若發生分離現象，可直接繼續混拌讓它乳化。

4. 等3涼到40℃以下時，加入放在常溫中已回軟的奶油，用橡皮刮刀充分混合。奶油融合後蓋上保鮮膜，放在涼爽的地方，讓它變硬到適合擠製的程度。

完成

在馬卡龍中，用直徑10mm的圓形擠花嘴，擠上2cm大小的圓形巧克力醬，再疊上另一片馬卡龍輕輕壓緊，讓兩片充分密合。直接放入冷藏庫中，讓巧克力醬風味更穩定。

馬卡龍
主廚很講究食材，不使用食用色素，在使用可可粉的麵糊中，採用西班牙產的Marcona種杏仁粉，以提升杏仁獨特風味。

巧克力醬
主廚顧慮到要讓甜味和苦味保持平衡，使用含60～65％可可成分的黑巧克力。讓它充分乳化，口感十分細滑。

LE PÂTISSIER T.IIMURA
ル パティシェ ティ イイムラ

飯村崇 糕點主廚

覆盆子馬卡龍

彩圖在第64頁

材料（直徑約4cm、約100個份）

馬卡龍麵糊

去皮杏仁（Marcona種）…285g
杏仁粉（加州產）…285g
糖粉…855g
蛋白霜
　冷凍蛋白…450g
　乾燥蛋白…2.2g
　食用色素（紅）…適量
　白砂糖…180g

覆盆子奶油餡

覆盆子醬（從成品中取270g使用）
　覆盆子…1kg
　白砂糖…1kg
　水飴…400g
　白砂糖…100g
　果膠…30g
　檸檬汁…50g
英式蛋奶醬（從成品中取195g使用）
　蛋黃…120g
　白砂糖…120g
　鮮奶…150g
無鹽奶油…225g
Gourmandise覆盆子汁（濃縮果汁）…5.2g

作法

馬卡龍麵糊

1. 用食物調理機將去皮杏仁攪到極細，夾入紙張中，讓吸除多餘的油分。杏仁粉也同樣用紙夾住，吸除多餘的油分。

   > **Point** 杏仁粉粉末粗細度不同，完成的馬卡龍也會呈現截然不同的口感。店家自行攪碎杏仁，能確實製作出所需的口感和味道。此外，攪碎的杏仁容易出油，用紙夾住吸除油分讓它變得乾爽，烤出的馬卡龍能呈現酥鬆的口感。

2. 將1和糖粉一起過篩混合。

3. 將冷凍蛋白、乾燥蛋白、食用色素和一部分白砂糖，一起混合攪打發泡。分2～3次加入白砂糖，充分打發成尖端能豎起程度的蛋白霜。

   > **Point** 使用冷凍蛋白，容易製作出狀態穩定的蛋白霜，加入乾燥蛋白後，更易充分打發成蛋白霜。

4. 在蛋白霜中分2次加入2，用刮板如切割般混合。混合到麵糊泛出光澤，能流暢的滑落時就行了。

5. 在烤盤上鋪上烤焙紙，用10號擠花嘴將麵糊擠成直徑3.5cm的圓形，將烤盤敲擊工作台以調整形狀和大小。

6. 直接放置約10分鐘，用手指輕輕觸摸，讓麵糊表面乾燥到不會沾手即可。

7. 放入已預熱138℃的對流式烤箱中，約烤13～15分鐘。開始烘烤2～3分鐘後，和快要烤好之前，都要打開烤箱門約30秒。烤好後，連同烤焙紙一起冷卻，涼了之後再撕下紙。

   > **Point** 烤箱的門一旦關閉，麵糊逐漸膨脹，裡面會變得空洞，所以烤箱門打開2次，讓積存在烤箱內的蒸氣散發。

覆盆子奶油餡

1. 製作覆盆子醬。將覆盆子、白砂糖和水飴混合熬煮。

2. 在白砂糖中放入果膠混合，等1溫度達50℃時，加入其中混合。煮開後熄火，加入檸檬汁。

3. 製作英式蛋奶醬。在鋼盆中放入蛋黃，以打蛋器打散，加入白砂糖攪打混合至泛白。同時將鮮奶煮沸。

4. 在3中一面慢慢倒入鮮奶，一面混合變得細滑。

5. 將4倒回鮮奶鍋中，開火加熱，一面混合均勻，一面熬煮。煮到83℃時，立刻過濾到鋼盆中。在鋼盆底下放冰水，一面隔水冷卻，一面混合，讓它儘快混勻變涼。

   > **Point** 如果加熱過度，蛋奶醬會凝固結塊，因為火候一過頭就會凝固，所以千萬別讓它煮沸。

6. 將2的覆盆子醬270g、5的英式蛋奶醬195g，以及攪拌成膏狀的無鹽奶油充分混勻，讓它變成細滑的乳脂狀，加入Gourmandise覆盆子汁，以增加風味。

完成

在馬卡龍中擠入覆盆子奶油餡，再用另一片覆蓋夾住餡料。

馬卡龍
由於杏仁粉已去除多餘的油，因此吃起來輕軟與黏稠感保持絕佳的平衡，一口中的瞬間，能感受到十分酥鬆的口感，一咀嚼感覺入口即化。而且越嚼越能感受到杏仁的美味。

覆盆子奶油餡
奶油餡和馬卡龍一樣都追求輕柔的口感，因此主廚使用加味的奶油醬。他將自製的覆盆子醬、英式蛋奶醬和奶油混合成奶油餡，特色是酸味、濃郁度與圓潤感均維持良好的平衡，吃完後餘韻十足。

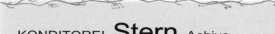

KONDITOREI **Stern** Ashiya
コンディトライ　シュターン　芦屋

谷脇正史 KONDITORMEISTER

年輪蛋糕

彩圖在第68頁

材料（L尺寸1條份）

蛋糕麵糊

杏仁膏…85g
蘭姆酒…7g
鮮奶油（乳脂肪成分47%）…50g
白砂糖…80g
米飴…37g
蜂蜜…45g
檸檬汁…5g
香草精…3g
無鹽奶油…500g
蛋黃…475g
澄粉（譯註：以米粉或小麥澱粉精製而成的精製澱粉）…450g
低筋麵粉…100g

蛋白霜
　蛋白…500g
　白砂糖…335g
　鹽…3.5g

作法

蛋糕麵糊

1. 在鋼盆中放入杏仁膏和蘭姆酒，用手混合均勻。再分3次加入鮮奶油，讓杏仁膏變柔軟。

   Point　杏仁膏是用德國藍姆克（Lemke）公司以地中海杏仁製作，味道香醇濃郁又濕潤的生杏仁膏。鮮奶油也使用乳脂肪成分高的產品，更添蛋糕的香醇風味。

2. 在攪拌盆中放入1、米飴（寒冷季節要開火加熱煮融）、蜂蜜、白砂糖、檸檬汁和香草精混合，用橡皮刮刀混勻。

   Point　為了不要有顆粒，先用橡皮刮刀混合，再用攪拌器攪拌。在德國，通常是使用蜂蜜和轉化糖來添加甜味，但主廚希望蛋糕呈現自然的甜味，所以用米飴來代替轉化糖。

3. 在2中加入放在室溫下已回軟的奶油，用攪拌器轉中速攪拌。攪到泛白後轉低速，分2次加入蛋黃。

   Point　這時麵糊如果變硬，可用瓦斯槍在鋼盆底下稍微加熱。在此階段如果麵糊變硬，那麼烤好後口感也會變硬。

4. 蛋黃混合均勻後，在3中一次倒入篩過的澄粉和低筋麵粉，以中速攪打混合。攪拌到沒有粉末顆粒後，從攪拌機上取下，用手再混合。

   Point　加入粉類後，如果混合過度，會產生麩質而產生黏性，所以攪拌器只要攪拌到沒有粉末感就要停止。澄粉（小麥澱粉）是德國很常見的甜點材料，有的甜點店只使用澄粉來製作年輪蛋糕。但是，光用澄粉麵糊很容易變乾，所以該店還混入約澄粉1/5分量的低筋麵粉。

5. 打發成蛋白霜。在鋼盆中放入蛋白、白砂糖和鹽混合，打發到八～九分發泡的程度。

6. 將5約分3次加入4中，以手混合。第1次是以混合不同硬度的感覺來混合麵糊，第2和第3次，就要從鋼盆底部大幅度的混合，直到5的蛋白霜和4的蛋黃麵糊混合均勻。最後變成黏稠的狀態。

烘烤

1. 將德國Schlee公司的年輪蛋糕烘烤機約預熱至250℃。在捲軸上捲上鋁箔紙，組合烘烤機後，捲軸約加熱10分鐘。

2. 等捲軸充分加熱後，開始烘烤。在麵糊盤中倒入麵糊，以手動方式將捲軸下降至麵糊盤中，讓捲軸浸沾到麵糊。將捲軸從麵糊盤中上移回到烘烤機上，約停留數秒，將多餘滴落的麵糊仔細刮除後，再將捲軸移回烘烤機上的瓦斯火力旁。靠近火力後，蓋上烘烤機的蓋子，一面從窗戶觀察烤色，一面烘烤。烘烤期間，用刮板來刮麵糊盤內的麵糊表面，以避免麵糊表面產生薄膜。

   Point　為了讓第1層和第2層的蛋糕能夠密貼中央的捲軸，麵糊要充分的烘烤。此外，烘烤中為避免盤中的麵糊形成薄膜，表面要刮拭，但是不要攪拌麵糊，以免弄破氣泡。

3. 烘烤過程中，從第7層開始在麵糊上加上梳型器，讓蛋糕烘烤成環狀。S尺寸的蛋糕烤13層，L尺寸的反覆烤14層～15層。烘烤時間上，若是S尺寸共計要花20～25分鐘，L尺寸要烤25～30分鐘。

   Point　梳型器的尖端梳整麵糊表面。烘烤中加上這項工具，能夠烘烤出有造型的蛋糕。

4. 從烘烤機上取下蛋糕，涼了之後，以保鮮膜捲包，放置1～2小時讓它完全變涼後，再分切包裝。

   Point　使用澄粉蛋糕不易變乾，烤好後以保鮮膜捲包，等完全涼了之後，再儘快切片進行包裝。

蛋糕體

蛋糕質地從外觀上來看有如絹絲般極為細緻，一入口咬下去，能充分感受到它的彈性。之後，能感受到它濕潤、細綿的口感。此外，蛋糕若加上糖衣，放入袋中會融化，會造成不易食用的情形，所以蛋糕外不加糖衣。

甜點之家　Saint-amour

清水克人　店主兼主廚

抹茶聖誕年輪蛋糕

彩圖在第70頁

材料（直徑14cm×高4cm　約20個份）

蛋糕麵糊

杏仁膏
- 上白糖…160g
- 水…110ml
- 杏仁粉…320g
- 有鹽奶油…680g

和三盆糖…50g
蜂蜜…50g
鮮奶油（乳脂肪成分35％）…700g
上白糖…1350g
海藻糖…250g
和三盆糖…100g
液狀白油（甜點用改良油脂）…750g
發泡性液態油脂（甜點用改良油脂）…85g
全蛋…2550g
蛋黃…300g
低筋麵粉…500g
抹茶…90g
再來米粉…750g
α化澱粉…200g（編註：將生澱粉加水並加熱至60～75度使構造改變，又稱糊化。）
泡打粉…30g

完成

糖霜
- 糖粉…400g
- 水…60g
- 天然糖醇（sugar alcohol）…20g
- 蘭姆酒…4g

作法

蛋糕麵糊

1. 製作杏仁膏。在鍋裡放入水和上白糖，開火加熱煮到107℃，加入杏仁粉，以輕炒的感覺來熬煮。
2. 等水分和杏仁粉充分混合後，離火，加入冰奶油，用攪拌器一面攪拌，一面讓溫度降到20℃。靜置一晚，製成杏仁膏。
   > **Point**　靜置一晚，杏仁的風味更加突出。
3. 在鋼盆中放入靜置一天的杏仁膏，一面隔水加熱，一面充分攪打發泡。
4. 將3從隔水加熱的盆中取出，加入和三盆糖和蜂蜜，加入攪打至六～七分發泡的鮮奶油。再隔水加熱，用打蛋器攪打混合到溫度降至20℃，成為乳脂狀。
5. 在另一個攪拌盆中放入上白糖、海藻糖、和三盆糖、液狀白油、發泡性液態油脂，以低速攪打，整體混合成一團後，分一面3次加入全蛋和蛋黃的混合液，一面以低速攪拌。
6. 將5一面隔水加熱，一面讓溫度升至20℃，以高速充分攪拌。
7. 將攪拌器暫時轉低速攪拌，讓麵糊更緊實，一面篩入低筋麵粉、抹茶、再來米粉、α化澱粉和泡打粉，一面混合。
   > **Point**　充分混合直到泛出光澤。
8. 將7自攪拌機上取下，一面慢慢加入4的材料，一面用手充分混合。

烘烤

1. 將年輪蛋糕專用烤箱裝上捲軸，溫度設定330℃，在麵糊盤中倒入麵糊。用附溫度計的攪拌匙一面混合，一面讓麵糊溫度升至38℃。
2. 溫度升到38℃時，將捲軸浸入麵糊中，轉一圈後開始烘烤。捲軸上的蛋糕有烤色後，再迅速沾上未烤的麵糊，如此反覆烘烤，約烤45分鐘共烤22層。
   > **Point**　麵糊的溫度要保持在38℃，如果高於這個溫度，麵糊的密度會增加，使得質地變硬，這樣蛋糕就無法達到該店要求的鬆軟綿細的標準。讓麵糊的溫度常保38℃，過程中，麵糊或許要加熱或降溫，必須仔細進行溫度管理。
3. 最後不要沾新麵糊，再將蛋糕轉烤一圈，以加深烤色，然後將蛋糕自烤箱上取下，放置一晚，讓它變涼。

完成

將糖霜的材料隔水加熱煮融至50～60℃，在烤好的年輪蛋糕的外表塗一層，等糖霜乾燥後切片。

蛋糕體
為了符合日本人的口味，該店的年輪蛋糕以輕軟口感為目標。抹茶風味的輕柔蛋糕中，還能品嚐到杏仁膏、和三盆糖和天然蛋的濃醇美味。

糖霜
在涼了的蛋糕體上，還裹上添加蘭姆酒風味的糖霜。

pâtisserie **sourire**
パティスリー スーリール

伊藤展行 店主兼糕點主廚

微笑的樹

彩圖在第72頁

材料（分2次製作下記分量、15cm3條份）

蛋糕麵糊

上白糖…1650g
蜂蜜…176g
海藻糖…220g
乾燥蛋白…30g
液狀白油…825g
發泡性液態油脂（甜點用改良劑）…88g
全蛋…2970g
蛋黃…165g
日本酒（白雪）…132g
鮮奶油（乳脂肪成分46%）…715g
香草精…11g
再來米粉…660g
米澱粉…715g
樹薯粉…220g
泡打粉…33g
有鹽奶油…825g

完成

糖霜（1條份）
　糖粉…400g
　沸水…50g
　日本酒（白雪）…24g
　天然糖醇…20g

作法

蛋糕麵糊

1. 在攪拌盆中放入上白糖、蜂蜜、海藻糖、乾燥蛋白、液狀白油和甜點用改良劑，以3級速度攪拌。

2. 混合後，再加入495g已混合的全蛋和蛋黃液，攪拌讓它乳化。等攪拌到發出黏稠的聲音時，加入1320g的全蛋和蛋黃混合液攪拌。等稍微膨脹後續加入660g攪拌，最後再加入剩餘的全蛋和蛋黃，充分攪打到飽含空氣呈乾澀感。這時的比重約0.28。

   Point 為了烤出鬆軟的質感，特點是蛋的分量要比整體的1/3還多。冬季時蛋的溫度要達到40℃，其他季節一定要達到25～30℃。而且，夏季的蛋會比較像水一樣呈液態感，所以再加入全蛋1%分量的乾燥蛋白，使其更加穩定。

3. 以2級速度攪拌到麵糊泛出光澤。

4. 改採1級速度攪打，再加入已混合日本酒、六～七分發泡的鮮奶油和香草精，以及已混合過篩的再來米粉、米澱粉、樹薯粉和泡打粉。為了更易混合，再改用2級速度攪拌，將攪拌盆2次上下翻攪。攪拌時間約12～13分鐘。

   Point 粉類要篩2次讓空氣流通，粉粒鬆散後再使用。此外，放入攪拌盆中時，也要一面過篩，一面加入。

5. 加入攪拌成乳脂狀的奶油，用手充分混合80圈，混合到麵糊舀起能迅速滴落，變成細滑的狀態即可。

   Point 奶油不夠稀軟，會使蛋糕不夠蓬鬆，所以最好先攪拌到和麵糊相同的硬度。混合時，攪拌盆周邊的麵糊要一面反覆刮取，一面混合。這時比重約0.51。

烘烤

1. 將專用烤箱設定為330℃，組合捲上蠟紙的捲軸。在麵糊盤中倒入麵糊，以附溫度計的攪拌匙，一面混合麵糊，一面加溫至34～35℃。將沾在捲軸上的油分擦掉。

2. 麵糊的溫度達34～35℃後，將捲軸浸入麵糊中，一面旋轉，一面讓它烘烤。剛開始的第一層要充分烘烤，從第5～6層開始烤色要淡一點。烤到第22～23層時，共約花費40～45分鐘。烘烤過程中，邊端部分要用湯杓淋上麵糊，以調整蛋糕整體的厚度，為了讓整體的粗細一致，浸沾麵糊後要刮平捲軸上的麵糊。

   Point 製作的重點是，麵糊的溫度要經常維持在34～35℃。溫度太低，不易烘烤，可是如果太高，火候又太過，使蛋糕變硬。

3. 最後一層，將捲軸轉2圈以增加烤色。從烤箱取下放在涼架上冷卻，涼了之後用保鮮膜包好，靜置一天。變涼時旋轉蛋糕，就能漂亮的從捲軸上取下。

完成

將糖粉和沸水混合，加入日本酒和天然糖醇混合至40℃，製成糖霜，將糖霜塗在年輪蛋糕的周圍，等乾了之後再切片。

蛋糕體
不使用低筋麵粉，只用再來米粉，完成口感濕潤的蛋糕，在配方或作法上，都以活用再來米粉作為第一考量。也不使用洋酒來增加風味，而使用當地的日本酒「白雪」。

糖霜
糖霜中也使用「白雪」這種酒。糖霜的甜味使蛋糕變得更加美味。

Konditorei Neues
コンディトライ・ノイエス

野澤孝彥 店主兼糕點主廚

年輪蛋糕

彩圖在第74頁

材料（直徑8cm、長11cm　6條份）

蛋糕麵糊

鮮奶油（乳脂肪成分35％）…70g
無鹽發酵奶油…300g
生杏仁膏…100g
白砂糖…50g
多香果（Allspice）、肉荳蔻、鹽…各少量
蛋黃…12個份
香草莢…少量
（在容器中放入從香草莢中刮出的種子，
加入少量的乙醇（ethanol），使其成醬汁狀，再密封保存。）
檸檬皮糊…少量
（將檸檬皮磨碎，加入少量乙醇和蜂蜜，調成糊狀）
蜂蜜…100g
蘭姆酒（Stroh rum）…70g
低筋麵粉…120g
蛋白霜
　蛋白…12個份
　白砂糖…200g
　玉米粉…120g

完成

糖漿…適量
　白砂糖…50g
　水…100g
　蘭姆酒（Stroh rum）…20g

作法

蛋糕麵糊

1. 在烘烤麵糊前一天，將鮮奶油攪打到八分發泡，放入冰箱冷藏備用。

   > **Point** 剛攪打發泡的鮮奶油，裡面含有太多空氣，可能造成烤不出漂亮蛋糕的危險，所以最好前一晚攪打好，放置一晚讓氣泡減少變穩定後再使用。

2. 在攪拌盆中放入切成適當大小的奶油，加入生杏仁膏、白砂糖、多香果、肉荳蔻和鹽，以低速混合，再轉到中速，攪打成泛白的乳脂狀。

3. 在蛋黃中混合香草莢和檸檬皮糊，分3～4次倒入1中。等完全混合後，依照蜂蜜、蘭姆酒、篩過的低筋麵粉的順序加入混合。

4. 在另一個攪拌盆中加入蛋白，以低速攪打。混合到某程度後，一面分3～4次加入白砂糖，一面充分攪打發泡。最後加入玉米粉，如切割般大幅度混拌，製成有硬度的蛋白霜。

   > **Point** 攪拌器上舉，蛋白霜的硬度達到尖端能豎起完全不會動的狀態，就能烤出濕潤的蛋糕。

5. 在3中加入少量蛋白霜，用手攪拌到麵糊泛出光澤。剩餘的蛋白霜分2～3次混合。最後加入1，用橡皮刮刀如切割般大幅度混拌，混拌成慕斯狀後，倒入年輪蛋糕專用烤箱的麵糊盤中。

   > **Point** 烘烤時，用圓杓混合麵糊，在此階段若沒有充分混合好，烤出的蛋糕會扁塌，所以要混合到8～9成均勻度才行。

烘烤

1. 用食用漿糊在捲軸（直徑3cm、長70cm）上黏上紙，用濕布擦拭，讓紙變潮濕，再乾烤到紙的表面略呈焦黃色為止。

   > **Point** 捲軸上的紙不會搖晃，麵糊就不會迴轉，但是如果太緊密，蛋糕烤好後會無法拔出，重要的是要捲得恰到好處。紙的表面烤好後，容易從蛋糕上撕下來。

2. 將放入麵糊的淺盤與專用烤箱組合，調整到對準上面的捲軸，用湯匙舀取麵糊，迅速的澆淋在捲軸上。如此重覆多次，讓麵糊厚度平均，調節轉輪，讓捲軸靠近火源開始烘烤。從第1層到第3層，蛋糕的顏色烤深一點。

3. 第3層以後，斟酌讓烤色變淺一點，反覆進行烘烤的作業，以增加蛋糕的層次。

   > **Point** 一直自左而右來澆淋麵糊，蛋糕粗細容易不均，瓦斯的火力也因位置不同，有微妙的變化，所以隨時要留意麵糊的澆淋方式、火力的調節和捲軸的旋轉方式。

4. 烘烤到第10層左右，表面會稍微有些凹凸不平，不時要用橡膠刮刀或刮板刮平。為了烤出均勻的圓柱形，不要有凹凸不平的現象，要一面留意麵糊的澆淋法和烘烤法，一面進行作業，最後一層顏色要烤得深濃一點。

   > **Point** 因為麵糊不斷混拌，會漸漸變得稀軟，要趁麵糊變稀軟之前烘烤完畢，所以要隨時調整麵糊的澆淋法和烘烤法。

完成

加熱白砂糖和水製作糖漿，涼了之後加入蘭姆酒增加風味。年輪蛋糕烤好後，趁熱用毛刷在蛋糕上均勻的塗上糖漿。

蛋糕體
主廚憑著維也納名店修業的基本技術，再配合現代的演進加以改良。使年輪蛋糕的口感極細緻、濕潤，充滿魅力。

糖漿
特色是不只用糖霜，是用有蘭姆酒香味的糖漿。蘭姆酒是用澳地利產的「Stroh rum」。

StellaLune
ステラリュヌ

田村泰範 店主兼糕點主廚

TAM年輪蛋糕

彩圖在第76頁

材料（S尺寸15個份）

蛋糕麵糊

全蛋…2650g
上白糖…1380g
乳化劑…16g
鹽…5g
天然香草精…12g
鮮奶油（乳脂肪成分40%）…780g
低筋麵粉…550g
再來米粉…330g
樹薯粉…40g
泡打粉…20g
杏仁粉…620g
無鹽奶油…1030g
白油…240g

完成（S尺寸1條份）

糖霜
｜糖粉…400g
｜水…70g

蛋糕體
蛋糕的口感水潤軟綿。主廚減少砂糖用量，使用大量嚴選的杏仁粉，使蛋糕呈現出清爽、鬆軟又香濃的美味。

糖霜
蛋糕外淋上極薄的糖霜。糖霜的目的不是要增加口感，而是要讓蛋糕吃起來更濕潤。糖霜在室溫下略微融化之際，是該店建議蛋糕最佳的賞味時間。

作法

蛋糕麵糊

事前準備

白油和奶油以60℃隔水加熱煮融，混合杏仁粉混拌到沒有粉末顆粒為止。

> **Point** 該店不使用杏仁膏，而用杏仁粉。這是因為使用市售的杏仁膏，無法有效調整味道，只會讓蛋糕味道變得很平淡。

1. 將以40℃隔水加熱好的全蛋和上白糖、乳化劑、鹽和香草精，以攪拌器轉高速攪打發泡。打到八分發泡，轉成中速攪打，打到蛋白霜滑落時如綢緞一般時，再轉成低速。

> **Point** 全蛋若沒有事先加熱至人體體溫的程度，就無法打發。

2. 轉到低速時，慢慢加入攪打到六～七分發泡的鮮奶油，之後立刻一口氣加入已過篩混合的低筋麵粉、再來米粉、樹薯粉和泡打粉，繼續以低速攪拌。攪拌到已無粉末顆粒，轉動攪拌器的握把，從鋼盆上到下再攪拌3～4次，直到充分混勻即可停止。攪拌時間共計約14分鐘。

> **Point** 鮮奶油的氣泡會破滅，為避免破滅太多，要一口氣立刻儘速加入粉類。另外，使用樹薯粉為的是增加黏Q口感，再來米粉是增加濕潤口感。

3. 在2中，用手混合事前準備時備妥的杏仁粉和油脂，充分混合均勻，計量比重，調整到約48g。油脂中的奶油會使氣泡破滅，所以在此不要用攪拌器，只要用手輕柔的混合，以調整比重。

烘烤

1. 將完成的麵糊倒入麵糊盤中，開始烘烤。以蠟紙捲包的捲軸與加熱至350℃的專用烤箱組合，乾烤2次的轉份（約2分鐘）。

> **Point** 乾烤後，擦掉從捲軸滲出的油分。若不擦掉，烤蛋糕時會滴落到麵糊中。

2. 將捲軸浸入麵糊中，重覆上舉、烘烤的作業共21～22次。為避免蛋糕第1層從內部滑落，第1次轉動烘烤設定50秒，讓蛋糕充分烘烤。另外，為了充分烘烤蛋糕邊端，讓它固定在捲軸上，將第1層浸入麵糊盤中時，用湯匙舀取麵糊，淋在捲軸的邊端，增加厚度。

3. 之後設定每轉1次約烘烤40秒。捲軸浸入麵糊中，每次都要覆上極薄的麵糊，以此感覺來重疊蛋糕層。麵糊盤的麵糊因烤箱的熱度表面會形成薄膜，所以要經常刮除，麵糊若減少可再補充。第10層和最後一層用板子刮平，以調整形狀。

> **Point** 層層重疊，捲軸的邊端會變得較厚，因此以捲軸邊端要用橡皮刮刀適度刮平厚度，調整形狀讓它不會太厚。

4. 最後一層烘烤完成後，將蛋糕冷卻。這時10分鐘讓它旋轉180度，以免蛋糕無法取下。這樣持續1個小時後，改成每30分鐘旋轉180度。等蛋糕涼了之後，用保鮮膜捲包以免水分散失，放置1天讓它鬆弛。

> **Point** 以保鮮膜捲包，能減少水分的蒸發。

完成

製作糖霜。在煮沸的水中加入糖粉加入煮融，以50℃隔水加熱保存。用湯杓舀取糖霜，一面淋在烤好的年輪蛋糕上，一面用橡皮刮刀刮平，讓它乾燥5分鐘。糖霜變硬後用年輪蛋糕刀切片。

PÂTISSERIE SANS FAÇON
パティスリー　サン・ファソン

植田真治　店主兼糕點主廚

栗子年輪蛋糕　猢猻樹

彩圖在第78頁

材料（下列分量分5次添加、6條份）

麵糊

全蛋…2500g
蛋黃…350g
上白糖…1300g
海藻糖…300g
液體白油…750g
乳化劑…80g
鮮奶油（乳脂肪成分45％）…700g
蘭姆酒…50g
鹽…10g
低筋麵粉…500g
米粉澱粉…600g
樹薯粉…150g
泡打粉…30g
杏仁粉（美國產）…300g
栗子粉…270g
無鹽奶油…850g
栗子醬（法國產）…500g
蒸栗醬…400g

完成（1條份）

糖霜
　海藻糖（微粉）…280g
　糖粉…36.4g
　哈羅迪克斯糖（Hallodex）…42g
　水…28g
　蘭姆酒…11.2g
　栗子粉…25g

作法

麵糊

1. 將全蛋和蛋黃加溫至35℃，再過濾（為避免裡面混入蛋殼）。
2. 在攪拌盆中放入上白糖、海藻糖、液體白油及乳化劑，將1的蛋汁分4次加入其中攪拌，攪拌到比重0.30的發泡程度。

   Point 蛋分4次加入其中非常重要。加入的分量，最初是450g、第2次是1200g、第3次是600g、最後是500g，前後約4次。攪拌時間是加入蛋後，以高速攪拌約1分半鐘。第4次以高速約攪拌1分半，以低速攪拌2分鐘。

3. 在2中加入攪打到六～七分發泡的鮮奶油、蘭姆酒和鹽，輕輕混合。
4. 在3中加入已混合過篩的低筋麵粉、米粉澱粉、樹薯粉、泡打粉、杏仁粉和栗子粉，輕輕混合。
5. 混合奶油、栗子醬和蒸栗醬，以微波爐稍微加熱變柔軟後，加入4中，用手混合。混合約50次，成為極細的麵糊，比重是0.50。

   Point 蒸栗醬的風味佳，但只用它稍嫌不足，因此，還混合口感、風味濃郁的法國產栗子醬。此外，先將4的麵糊稍微混合後，再加入5混合，這樣整體較容易混合。

烘烤

1. 將專用烤箱（不二商會公司製）設定在370℃，組合上捲包好蠟紙的捲軸。在麵糊盤中倒入麵糊，以刮刀一面混合麵糊，一面加溫至35℃。擦掉捲軸上釋出的油分。
2. 麵糊加熱至35℃後，浸入捲軸，旋轉捲軸烘烤蛋糕。最初第1層的烤色要充分予以上色。開始烘烤後，烤箱溫度可達335～340℃。將捲軸浸入麵糊中再拉起烘烤，重覆此作業共21層。第3、7、11、15、19層都要在捲軸兩端淋上麵糊，讓邊端厚度與中央保持一致。因為整體的粗細一致，所以浸入麵糊後要多次用橡皮刮刀刮平麵糊。

   Point 烘烤期間一直要讓麵糊的溫度保持在34～35℃，這樣才是最佳的烘烤狀態。此外，烘烤的重點是，不要烤得太久，以便讓蛋糕呈現濕潤的口感。

3. 在最後的第21層，要旋轉2圈讓它增加烤色。從烤箱取下後放在涼架上冷卻，等稍微變涼後，用保鮮膜包好冷藏。這時，要讓蛋糕每次呈45度旋轉一下，這樣蛋糕的外型才能呈現漂亮的圓型。

完成

將糖霜材料混合開火加熱，加熱至62℃左右。至62℃後熄火，加入20g海藻糖細末（分量外）混合，再塗到年輪蛋糕上。

蛋糕體
栗子麵糊中使用栗子粉、栗子醬和蒸栗醬。為有效利用栗子風味，所以配方中費工使用較多的蛋量，以及海藻糖等。

糖霜
使用海藻糖細末，讓糖霜不會滴落。糖霜中也使用栗子粉，與蛋糕保持統一的風味。

刊載名店介紹

à tes souhaits!
アテスウェイ

這家超人氣甜點店，是由曾榮獲「Coupe de France」和WPTC等許多世界大賽獎的川村英樹主廚所開設。川村主廚以修業地法國不列塔尼的傳統甜點為基礎，再加上使用巧克力、當季水果的生菓子、麵包、生牛奶糖等，店內平日販售一百多種的商品。

地址／東京都武藏野市吉祥寺東町3-8-8 Kasa吉祥寺Ⅱ
電話／0422-29-0888
營業時間／11時～19時
例休日／週一（遇節日隔週二休）
http://www.atessouhaits.co.jp

甜點之家 Saint-amour

這是曾在法國修業，並在巴黎甜點競賽中榮獲優勝的清水克人主廚，於1999年所開設的甜點店。占地100坪的大型店面中，平日提供30種以上的生菓子、燒菓子及半生菓子等。店內還設置有販售薄煎餅、霜淇淋的專用空間。擁有許多當地的家庭顧客。

地址／茨城縣守谷市久保之丘2-17-1
電話／0297-47-0030
營業時間／10時～19時
全年無休
http://www.saint-amour.co.jp

14 Juillet
キャトーズ・ジュイエ

這家店的店名，法語中的意思是「7月14日」，為法國革命紀念日。該店位於從東武伊勢崎線的千間台車站徒步約8分鐘的住宅街，除了販售生菓子、烘焙甜點外，還有自製果醬、蜜漬水果、冰淇淋等，商品種類繁多，另設有用餐區。

地址／埼玉縣越谷市千間台東2-13-31
電話／048-979-8608
營業時間／9時～20時（4～9月是至19時）
例休日／週三
http://www.14juillet.jp

KONDITOREI Stern Ashiya
KONDITOREI Stern 芦屋

這是曾旅居德國14年，取得德國國家認證甜點師傅資格的谷脇主廚，於2005年所開設的店。除了主要的年輪蛋糕外，還販售德國的生菓子和燒菓子。該店也受理電話訂貨，從沖繩到北海道等遠地的訂單也很多。

地址／兵庫縣蘆屋市東山町1-10
電話／0797-34-5673
營業時間／10時30分～19時30
例休日／週二、週三（遇節日營業）

Konditorei Neues
コンディトライ・ノイエス

該店位於距離橫濱青葉台車站稍遠的寧靜住宅街，販售正統的奧地利甜點。年輪蛋糕維是維也納老舖「Konditorei L.Heiner」的配方。沙荷蛋糕（Sacher torte）、蘋果酥捲（Apfelstrudel）和以自製酵母製作的德國麵包，都深受大眾的好評。在用餐區，也能享受主廚製作的奧地利料理。

地址／神奈川縣橫濱市青葉區鴨志田町504-5
電話／045-962-4797
營業時間／10時～20時
例休日／週四
http://www.neues.jp

chez NOGUCHI
シェ ノグチ

這是曾在飯店和雷諾特（Lenotre）餐飲學校累積許多經驗的野口守主廚，於2005年10月所開設的甜點店。他以製作輕軟口感、吃完能殘留香味與餘韻的甜點為宗旨，積極使用本國產食材，視覺上也非常美麗。該店的派和口味單純的瑞士捲也很受大眾歡迎。

地址／兵庫縣尼崎市若王寺2-36-1 A'dagio 若王寺1F
電話／06-6493-6100
營業時間／10時～19時30分
例休日／週三（遇節日營業）

StellaLune
ステラリュヌ

這是曾參加電視冠軍獲得優勝，並榮獲許多甜點競賽獎的田村泰範主廚的店。田村主廚最擅長製作麵糊，有「麵糊職人之魂」的美譽。瑞士捲和年輪蛋糕為該店的兩大招牌商品。其他，還提供許多大眾熟悉的甜點。奈良橿原市設有分店。

地址／奈良縣香芝市旭之丘3-2-9
電話／0745-77-1008
營業時間／10時～19時
例休日／週二（遇節日營業）
http://www.stellalune.co.jp

Dœux Sucre
ドゥー・シュークル

佐藤均主廚希望他做的甜點，不分男女老幼都喜愛，因此他製作甜點時，十分注重食材的味道。他希望甜點的特色是讓人覺得甜味、香味和濃郁度飽滿，但又不會太突顯，呈現優雅柔和的風味。每天早晨，他烘烤的牛角麵包和五穀麵包等，非常受歡迎。

地址／東京都江戶川區平井4-8-8小川Building 1F
電話／03-3636-3103
營業時間／10時～19時
例休日／週三

ドゥー・パティスリー・カフェ
D'eux Pâtisserie-Café

2007年12月，該店於東京都內有名的甜點激戰區「自由之丘」的都立大學車站前地區開幕。管又亮輔主廚曾在巴黎等法國各地旅居3年時間，研習甜點製作，回日本後在「Pierre Herme Salon de The」擔任主廚，活躍於業界。店內除了有馬卡龍和時尚小蛋糕外，還有各地的傳統甜點。

地址／東京都目黑區八雲1-12-8
電話／03-5731-5812
營業時間／10時～20時（咖啡至19時）
不定休
http://www.deux-tokyo.com

パスティッチェリア・イソオ
PASTICCERIA ISOO

該店位於從東京六本木的主街稍微延伸進去的寧靜小巷內。磯尾直壽主廚曾在義大利的三星級餐廳擔任甜點製作，也具有在法國研修的資歷。該店主要提供義大利各地的傳統甜點，以及揉合法國甜點技巧和主廚自己本身的感性想法，其他店所沒有的「ISOO甜點」。

地址／東京都港區六本木7-21-8-101
電話／03-3403-6711
營業時間／11時～20時
例休日／週日
http://www.isoo.jp

パティスリー・アカシエ
PÂTISSERIE Acacier

順著埼玉縣廳附近的中山道，就能看到這家具有巴黎風味的甜點店。該店內、外裝和包裝紙等，都統一採用興野燈主廚喜愛的橙黃色。風味濃厚、分量大，絲毫不馬乎的正統法國甜點，深獲顧客的一致好評，有許多顧客都是從關西特別前來的甜點迷。

地址／埼玉縣埼玉市浦和區仲町4-1-12 Primavera 1F
電話／048-877-7021
營業時間／10時～19時
例休日／週三（遇節日有變動）

パティスリー　カテリーナ
Pâtisserie Caterina

該店自1968年開幕至今，已有40多年的歷史，當地老主顧對它十分熟悉，瑞士捲、菓子派、泡芙等甜點，擁有絕佳的人氣。2007年3月由播田修先擔任主廚，他具有法國巴黎三星級餐廳甜點拼盤製作的資歷，他製作的甜點，能巧妙突顯出食材的風味與香味。

地址／東京都杉並區濱田山3-34-27
電話／03-3303-3210
營業時間／9時30分～20時
例休日／週二

パティスリー　ケ・モンテベロ
pâtisserie quai montebello

曾在飯店和法國累積豐富甜點經驗的橋本主廚，希望藉著開設甜點店，傳達法國風味和文化傳統，以及正統精緻的法國甜點原味。該店除了小蛋糕外，也有各式各樣的糖果和烘烤類甜點等。店內兼設用餐區，瀰漫獨特的氛圍。雖然該店離附近車站有點遠，但仍有許多顧客不辭辛勞千里而來。

地址／大阪府吹田市岸部北5-20-3
電話／06-6339-8880
營業時間／10時～20時（餐點區11時～19時）
例休日／週三、第3個週四（遇節日營業）
http://www.quaimontebello.com/

パティスリー　コトブキ
Pâtisserie KOTOBUKI

該店於1972年設立於東京葛飾。目前，該店主廚為第二代上村希先生，他具有至法國甜點學校及甜點店修業的經驗。店內除了提供日本人熟悉的甜點外，還有他在法國所學的傳統甜點為基礎加以改良的生菓子，平日店內約有30種商品。麵包類商品也很齊全，深獲顧客好評。

地址／東京都葛飾區東立石4-49-6
電話／03-3694-6187
營業時間／9時～21時
全年無休

パティスリー コリウール
PÂTISSERIE COLLIOURE

該店位於住宅區，店內設有購物時孩子能夠嬉戲的玩具間。森下令治主廚曾在東京銀座著名的洋菓子店任職，也曾前往法國各地學習法國甜點，他堅守基本製作出的甜點，深受廣大顧客群的歡迎，為了讓孩子也能輕鬆享受，該店的甜點中刻意不使用酒品和濃烈的香料。

地址／東京都大田區下丸子1-5-1 Stream多摩川 1F
電話／03-3750-0212
營業時間／10時～20時
例休日／週三

パティスリー サロン・ドゥ・テ　アミティエ　神樂坂
Pâtisserie Salon de thé Amitié 神樂坂

開設本店的三谷智惠主廚，深受法國甜點魅力的吸引，在經歷上班族的生活後，毅然前往法國藍帶學院（LE COR-DON BLEU）學習甜點製作。她基於傳統技法，自己不斷研究開發出該店的甜點，平日約有50種商品。包括外觀可愛的小蛋糕、散發奶油香魅力的半生菓子等，都深獲顧客好評。店內還兼設用餐區。

地址／東京都新宿區築地町8-10 PRIMO REGALO 神樂坂1F
電話／03-5228-6285
營業時間／10時～19時
例休日／週二
http://patisserie-amitie.com

パティスリー　サン・ファソン
PÂTISSERIE SANS FAÇON

2001年，植田真治主廚在高松市路旁的商業大樓中開設了這家甜點店。除了生菓子之外，還販售修業地「Patisserie * IMAGE」所學的烘焙類甜點，也博得顧客的好評。在同大樓的2樓，設有提供蛋糕、年輪蛋糕、輕食以及嚴選紅茶等的用餐區。

地址／香川縣高松市松繩町1003-7 Rainbow town 1F
電話／087-867-7790
營業時間／10時～19時
例休日／週一
http://www.sansfacon.jp

パティスリーショコラトリー　マ・プリエール

Pâtisserie Chocolaterie **Ma Prière**

這是有法國甜點競賽得獎經驗的猿館英明主廚，於2006年8月所開設的店。「Ma Prière」在法語中，具有「我的願望」之意。店內以販售生菓子為主，還有烘烤類甜點、生牛奶糖等，主廚擅長的巧克力，有以可可產地來區分的巧克力球、蒸烤巧克力等，商品十分豐富。

地址／東京都武藏野市西久保2-1-11　Banion field building 1F
電話／0422-55-0505
營業時間／10時〜20時
不定休
http://www.ma-priere.com

パティスリー　スーリール

pâtisserie **sourire**

該店嚴選食材製作，甜點包括瑞士捲、泡芙、布丁、半熟起司等大家熟悉的蛋糕，是一家深獲好評的甜點店。自2001年開幕以來，充分虜獲當地顧客的心。賣場面積約7〜8坪，除販售甜點外，也在現場製作自家烘烤的年輪蛋糕。

地址／兵庫縣伊丹市東野6-6　El Palacio 1F
電話／072-772-5218
營業時間／9時30分〜19時30分
例休日／週二（遇節日隔天休）

パティスリー　ペール・ノエル

PÂTISSERIE **PÈRE NOËL**

1993年，該店於八王子Meziro台開業，2005年開設八王子Minami野店。以「製作全家共享的甜點」為目標的該店，店內甜點以使用當季水果的生菓子為主，平日約有35種商品，還有烘烤類甜點、隨季節變換口味的巧克力和果凍等。店內裝潢充滿遊戲心，深受孩子們的喜愛，也很受好評。

地址／東京都八王子市西片倉3-11-5
電話／042-632-0214
營業時間／10時〜20時
全年無休

パティスリー　リッチフィールド

pâtisserie **RICH FIELD**

長久以來深為神戶當地居民熟悉的「Bocksun」甜點店，是幅原主廚的父親所開設，幅原主廚在「Bocksun」累積多年經驗後，獨立開設本店。從生菓子、燒菓子到麵包等，販售商品的種類繁多。店內兼設咖啡館。此外，2009年9月，在大阪的阪急百貨店梅田本店，又成立年輪蛋糕專門店。

地址／兵庫縣神戶市西區野台5-4-6
電話／078-996-7775
營業時間／10時〜19時30分
全年無休
http://www.rich-field.biz/

ラ・レーヌ

La Reine

2007年開業。擔任糕點主廚工作的本間淳先生，在遠赴法國、比利時的甜點店累積技術後，後曾任「Chez Cima」甜點店的主廚。他的目標是製作出小孩和大人都喜愛的甜點。主廚十分講究食材的運用，「王妃的瑞士捲」和「王妃的布丁」為該店的招牌商品。

地址／東京都杉並區高圓寺南4-8-1
電話／03-5305-5607
營業時間／10時〜20時
不定休
http://www.la-reine.co.jp

ル・クール・ピュー

Le Cœur Pur

該店位於從JR荻窪車站徒步2分鐘的商店街。由曾擔任日航東京飯店總主廚的鈴木芳男先生，於2002年所開設。該店販售許多無添加、無染色的商品，例如使用菠菜、果凍等的蔬菜甜點，使用天然酵母的麵包等。店內還兼設用餐區，也能享受簡單的法國料理。預計在荻窪、西荻窪還要開設3家分店。

地址／東京都杉並區荻窪5-16-20
電話／03-5335-5351
營業時間／〔平日〕7時30分〜21時、〔週日、節日〕8時〜20時
全年無休
http://www.lecoeurpur.co.jp

ル パティシェ ティ イイムラ

LE PÂTISSIER **T.IIMURA**

該店於2008年3月開業，店址位於2〜3年間陸續開設多家著名甜點店的東京東向島。該店以蒙布朗蛋糕，以及使用該店自豪的卡士達醬製作的甜點為熱銷商品，以正統方式製作的法國麵包和土司，也深受好評。店內用餐區還能享受蛋糕及輕食等。

地址／東京都墨田區東向島2-31-11
電話／03-3619-1163
營業時間／11時〜20時
例休日／週一
http://www.patissier-t-iimura.com

ロブロス スイーツ ファクトリー

LOBROS SWEETS FACTORY

該店嚴選食材，製作出「比日常甜點更為奢華」意象的甜點。例如使用栃木產的高級土產「那須紅太陽蛋」，來製作瑪德琳、瑞士捲、泡芙和布丁等人氣商品。該店以「LOBROS SWEETS BOUTIQUE」為商號，另外在自由之丘、Rumine荻窪、Etika表參道等地都設有分店。

地址／東京都練馬區關町北1-15-14　Crescent田中1F
電話／03-5927-5355
營業時間／9時30分〜20時
全年無休
http://www.lobros.co.jp

TITLE

瑞士捲 馬卡龍 年輪蛋糕

STAFF

		ORIGINAL JAPANESE EDITION STAFF	
出版	瑞昇文化事業股份有限公司	AD・カバーデザイン	三宅祐子
編著	旭屋出版	本文デザイン	d-room
譯者	沙子芳		（三宅祐子　小林亜季子　高橋明美）
總編輯	郭湘齡	撮影	後藤弘行　曽我浩一郎（社內）
文字編輯	王瓊苹　林修敏　黃雅琳		川井裕一郎　佐々木雅久
美術編輯	李宜靜		東谷幸一　吉田和行
排版	二次方數位設計	取材	佐藤良子　高橋昌子　三上惠子
製版	明宏彩色照相製版股份有限公司	編集	井上久尚　渋川真由子
印刷	皇甫彩藝印刷股份有限公司		
法律顧問	經兆國際法律事務所　黃沛聲律師		

戶名	瑞昇文化事業股份有限公司
劃撥帳號	19598343
地址	新北市中和區景平路464巷2弄1-4號
電話	(02)2945-3191
傳真	(02)2945-3190
網址	www.rising-books.com.tw
Mail	resing@ms34.hinet.net

本版日期	2013年9月
定價	320元

國家圖書館出版品預行編目資料

瑞士捲馬卡龍年輪蛋糕／旭屋出版編著；沙子
芳譯. -- 初版. -- 新北市：瑞昇文化，2012.02
120面；21x29公分

ISBN 978-986-6185-88-5 (平裝)

1. 點心食譜

427.16　　　　　　　　　101000872